The Giving Way
to Happiness

愿你给予半生，
归来仍是自己

【美】珍妮·桑蒂（Jenny Santi）/著

张　荣/译

中华工商联合出版社

图书在版编目（CIP）数据

愿你给予半生，归来仍是自己 /（美）珍妮·桑蒂著;
张荣译. -- 北京：中华工商联合出版社, 2017.8
书名原文：The Giving Way to Happiness
ISBN 978-7-5158-2078-1

Ⅰ.①愿… Ⅱ.①珍… ②张… Ⅲ.①人生哲学－通
俗读物 Ⅳ.①B821-49

中国版本图书馆CIP数据核字（2017）第187171号

Copyright@2015 by Jennifer Rose W.Santi
This edition arranged with Einstein Thompson Agency
through Andrew Nurberg Associates International Limited

北京市版权局著作权合同登记号：图字01-2017-4794号

愿你给予半生，归来仍是自己
The Giving Way to Happiness

作　　者：【美】珍妮·桑蒂（Jenny Santi）
译　　者：张　荣
出 品 人：徐　潜
策划编辑：魏鸿鸣
责任编辑：林　立
封面设计：周　源
营销总监：曹　庆
营销推广：王　静　万春生
责任审读：李　征
责任印制：迈致红
出版发行：中华工商联合出版社有限责任公司
印　　刷：唐山富达印务有限公司
版　　次：2017年9月第1版
印　　次：2022年2月第2次印刷
开　　本：710mm×1020mm 1/16
字　　数：220千字
印　　张：16.5
书　　号：ISBN 978-7-5158-2078-1
定　　价：48.00元

服务热线：010-58301130　　　　工商联版图书
销售热线：010-58302813　　　　版权所有 侵权必究
地址邮编：北京市西城区西环广场A座
　　　　　19-20层，100044　　凡本社图书出现印装质量
http://www.chgslcbs.cn　　　　问题，请与印务部联系。
E-mail: cicap1202@sina.com（营销中心）联系电话：010-58302915
E-mail: gslzbs@sina.com（总编室）

献给我的母亲

To Mama

❤ 目录

♥ 给予的秘诀

━━━━━━━━━

假如你要问人们为什么会给予，他们会一语中的：我会感觉更好……其他人需要，我刚好有……我想与人分享……这样做是对的……这些善意的答案被一层朦胧的光晕所环绕，如果让其显得更清晰一点，答案则似乎是这样的：给予这种行为让你走出了自我，你超越了自己的局限。志愿者组织"慈善聚焦"（Charity Focus）已经向非营利性组织提供了数百万美元的网络相关服务，该组织的创始人宣称："在没有经过无私的服务、从而引起内心变化的情况下，是不可能创造出一个更美好的世界的。"其他人可能会认为，内心变化先于无私的服务，但这没有关系。"无私"意味着你被带到了一个超出了自我的地方。

你付出的越多，得到的就会越多，因为你会让世间富足的东西在你的生活中流通了起来。事实上，任何生活中有价值的东西只有在送给别人的时候，才会增值。那些没有经过给予而增值的东西，既不值得给予也不值得接受。如果在给予的过程中你觉得自己失去了什么，那么你并没有把礼物真心地送给别人，也不会产生增值。如果你给得很勉强，那么给予的背后就没有驱动的力量。

当给予产生了友爱、喜悦、和平、群体、慈善、关爱和自我价值的体验时，价值增长的过程就开始了。一些有远见卓识的人预见到了完全建立在给予基础之上的经济，这将是治疗不受限制的资本主义（和许多其他的痛苦）过度行为的理想方式，但是，普遍给予的基础只是超越当前自我意识的增值过程。仅仅通过扭转局面，期待通过你大度的给予得到回报，这是不起作用的。自我价值的增长带来了关爱和喜悦的直接体验。你会立竿见影地体会到狂喜的感觉。

只有当你渴望这种立竿见影的狂喜时，给予的秘诀就显示出来了。然后，你会完全产生这种认识：我必须放弃自我。意识不到这一点，你就会在你一生中纠结于此。在放弃自我的时候，你就打开了一个通向幸福的通道，这个通道谁也不能从你手里拿走。有人曾经说过，当你送完最后一分钱的时候，就会得到永久的快乐。其实，这一分钱只是一种象征。当你在这个世界上不再有个人利益的时候，就会感受到永久的幸福。

当你看穿自我不断的需求时，就会不再有需求，然后每一口呼吸都充满了幸福。这就是生活的节奏。我相信你已经感觉到了。在你真正放弃自我的时候，它就来到了你身边。到了这个境界，世界上所有的钱都不会买到让你回程的车票。你会希望永远待在那里。

迪帕克·乔布拉（Deepak Chopra）

2014年

♥ 给予让你真正快乐起来

给予者从给予的过程中得到了什么

七年前，我无意中干上了一份不同寻常的工作，就是建议那些特别富有的人从事慈善活动。从商学院一毕业，我就被一家银行录用，它是世界上最大的私有银行之一。我成了他们内部慈善顾问组的一员。随后，我从纽约搬到了新加坡。对许多人来说，当然包括我在内，这是一份理想的工作。直到现在，几乎每天，那些想要知道我是如何做这份工作的人随时都有问题问我，他们认为我的工作就是"告诉富人怎样放弃他们的金钱"（这项工作肯定涉及这个方面，但是，与任何公司的工作一样，它并不像人们想象的那样富有魅力）。

我的工作让我接触到了一个特别的世界，在这里，我遇到的客户比麦当娜富数百倍。我的客户把足够的钱——数亿，甚至数十亿——通过一个正式的家族基金或慈善信托，以一种有意义的方式捐赠了出去。一周接着一周，我私下里和他们见面，倾听打动他们做这样的事情的故事，深入探寻并了解他们的价值观和动机，以便引导他们最恰当、最自然地采取行动。

回想多年来与客户见面时他们给我讲述的故事，我意识到，他们大部分的故事除我之外都不为人所知，因为我的工作就是听他们倾诉。在那些安排在摩天大楼顶层、五星级酒店大堂，或镶有木画板的办公室的会面里，客户告诉我他们给予的举动如何改变了自己的生活，并如何以不同的方式带给自己满足感——有时更甚于物质财富带给自己的满足感。我看到他们中的很多人流下了眼泪，但那是快乐的泪水。

作为一名慈善顾问，在工作中，我有机会与社会各部门的人在私下里会面交谈，其中有社会企业家、非营利行业的专业人士、青年学生和来自各行各业的志愿者。并不是每个人都有大笔金钱以供捐赠。许多人正在将自己的时间、才能和他们生活中的重要部分给予到对他们有深刻意义的事情上。需要强调的是，我被所观察到的所震惊。每一次，当他们谈及自己的工作时——无论提到的问题是多么严峻，不管是癌症、全球变暖，还是国内的药物滥用——他们都会了然于胸地微笑，流露出我只能将其称之为快乐的东西。

然而，除了这些私人环境之外，世人似乎太过犹豫，不愿接受通过给予的确有所收获的观点。当做出善举的公司因之而获得经济效益时，我们有些操之过急地对其说三道四；对洋溢着微笑出现在志愿者旅途的人，我们会给他们贴上自命不凡的标签；对于以自己的名字命名基金会的人，我们会予以痛责。一些慷慨的给予者，如多次获得格莱美奖的歌手迈克尔·波顿（Michael Bolton），以他的名字命名的慈善机构让受虐待的妇女和儿童从中受益。他告诉我，他们根本就不想从他们的慈善工作中得到任何的乐趣。他们说这是自己的责任，仅此而已。正如哲学家伊曼纽尔·康德（Immanuel Kant）认为出于同情的行为不值得称赞（因为这些行为让做好事的人感觉更好）一样，我们似乎让自己相信，给予应该是一种牺牲，一种有道德责任的行为，如果我们从中获得任何快乐的话，它就一文不值了。但为什么会是这样呢？

公共场合也是如此。我遇到的同样的人谈论的是另外的东西，一些我们以前听过的东西。在演讲、媒体采访和公共论坛上，他们谈论的是他们的受益者：通过他们的努力生活发生了改观的孩子；疾病已经治愈的患者；他们给予了光明的失明者；他们从瓦砾中重建起来的校舍，等等。

如今，我们正在靠近给予行为或者说慈善事业的转折点。我尽量避免使用慈善事业这个词，原因是它会让人想到比尔·盖茨开出一张十亿美元的支票来拯救世界的形象，这会把我们这些其余的人排除在外，因为我们没有这么多的钱〔同样，克里斯蒂·特林顿·伯恩斯（Christy Turlington Burns）告诉我，"我希望被描述为一个倡导者、活动家或者给他人提供服务的人，而不是一个'慈善家'，因为对我来说，这个词在某种程度上会给给予者和受益者之间制造出一条鸿沟；这让我感到不舒服，虽然我知道那只是一种感觉而已"〕。

如今越来越多的媒体文章、书刊、项目及会议，都专注于捐赠、慈善事业、资金筹集、社会创业和社会影响力投资。它们对进行有效给予的各个方面提供了思路，例如如何建立正式的基金会，如何成功地筹集资金，如何衡量一个项目的有效性等。然而，几乎没有人把眼光投向慈善冲动的源头：爱心。

我相信，给予者开始他们的给予行为是因为他们受某种事业的感动，但他们坚持的原因是因为付出给他们带来了快乐和满足。就如比尔·克林顿（Bill Clinton）所说："我当总统的时候，承诺让47个年轻人来见我，无论是在白宫还是在我视察孩子们居住的社区，那些孩子们为我所做的超过了我为他们所做的。"[①]过去的7年里，在和这些有名望的人、富有的捐赠者，以及各行各业的人打交道的过程中，我看到了这一点，而且这些经历教会我，在给予行为对给予者本人带来的变革性的影响方面，有更多需

---

① 比尔·克林顿. 给予：我们每个人如何改变世界［M］. 纽约：诺普夫出版社，2007.

要我们发现的地方。

许多神秘主义者、历史学家和宗教人士都曾经在过去提到过这一点。亚里士多德创造了"eudaimonia（幸福感）"这一概念。它是指个体通过自己在道德责任方面的成功表现而感受到的对幸福的体验状态。

温斯顿·丘吉尔（Winston Churchill）说："我们因获取而生存，因给予而生活。"

或者是一句简单而美妙的中国谚语："如果你想要一小时的幸福，就去打个盹；如果你想要一天的幸福，就去钓鱼；如果你想要一年的幸福，就去继承一笔财产；如果你想要一辈子的幸福，就去帮助别人。"

现代科学清晰地揭示了这一现象。二十多年前，艾伦·卢克斯（Allan Luks）源于一些研究结果提出了"帮助者的快乐感（helper's high）"这一概念，这些研究表明，通过投入自己的时间或金钱帮助别人，会获得一种类似于完成了身体方面的挑战（如参加赛跑）而体验到的一种"快乐感"。其他研究证实，给予行为激活了大脑中能被使用可卡因之后激活的区域。我并不是建议使用药物来代替捐赠行为，但似乎两种情况下都激活了大脑中分管愉悦的腹侧纹状体区；此外，我在撰写这本书的过程中，遇到了至少两位非营利性行业的专业人士，他们描述了从自己的工作获得的类似于使用药物带来的兴奋感。

不列颠哥伦比亚大学伊丽莎白·杜恩（Elizabeth Dunn）教授在2008年实施的一项研究中发现，把钱花在别人身上比花在自己身上更有幸福感。在一项实验中，参与者收到一个装有5美元或20美元的信封，要求他们在这一天结束的时候花完信封里的钱。根据参与者的反馈，那些按要求将钱花在给别人买礼物或捐赠给慈善机构的人要比把钱花在他们自己身上的人更快乐。这项研究得出结论，鼓励人们将自己的收入投资于其他人，而不是他们自己的政策干预措施，在把不断增加的国民财富转移到不断增加的幸福感这一方面或许是很有价值的。

　　我自己的经历就是一个例子。我在慈善事业中选择了一份职业，并非偶然。我在菲律宾的马尼拉长大，每天司机送我去贵族学校的路上，我都会遇到有乞丐敲车窗，索要食物和零钱。在我的脑海中，虽然不知道该怎么做，但一直觉得得做点什么。在商学院的时候，我觉得如果选择金融业、传统管理咨询或者是消费品公司的市场营销策略部门工作，我不会感到满意的。虽然我知道自己并不属于那种可以搬到非洲去住小棚舍的类型，但我渴望去做有意义的事情。

　　20多岁是我人生中最艰难一段时期。我一连几次交往都很让人失望，其中包括一个有身体虐待倾向的人。我的母亲被诊断出患有癌症，父母在他们婚姻的第三十个年头分道扬镳，我的家庭四分五裂。尽管如此，我的事业总是让我感到快乐，我首先当了一名老师，后来做了慈善顾问。在当老师的时候，我每天醒来之后都在期待着去教室，因为我知道自己要为学生服务。在做慈善顾问的时候，日复一日，我遇到了一些让人备受鼓舞的人，他们努力地工作使得自己的生活更有意义，他们总关心自己以外的事情，这使我意识到，生活中有比我担心我自己的问题更重要的事情。我从他们及他们的故事中找到了力量。

　　在一个特别的日子，在痛苦地结束了一段重要的感情之后，我决定为这个世界做一些好事，而不是像往常一样，和女伴一起出去来寻求安慰或是仔细地分析那个男孩做了哪些错事。作为一个动物爱好者，我去诺亚方舟自然动物保护区（Noah's Ark Natural Animal Sanctuary）做了一天的志愿者。那是一个拥有700只狗，300只猫，几十只爬行动物、马、兔子和其他被遗弃的动物的乐园。这些动物从我这里得到的只是一点食物，也许还有一些关爱。但我从它们身上得到的是一种很深的希望感和意义，以及超乎我的想象的力量。在纽约市的一个圣诞前夜，我发现自己当时没有固定的计划，于是去了由教会圣使徒经营的流动厨房当志愿者，给无家可归的人提供食物。回想起来，这是我度过的最有意义的一天。这些经历让我想起了我的母亲去孤儿院过自己生日的事。她说，和孩子们在一起，让她体会到的快乐是任何礼物都无法替代的。

每一天，我都看到人们试图花时间做点有意义的事情——看什么电视节目、去哪家餐厅美餐一顿、在哪家购物中心待上一天等。我发现年轻人想找些消遣的事情来娱乐，而老年人担心退休后能做什么。然而有史以来，无数的人都有选择了通向人生幸福、成就及意义的不同途径。生活中还有一些其他的东西。我们在历史、哲学和文学上都能听到过关于给予这一相同的主题。在本书当中，你会读到与这一主题相关的故事和知识：

❤ 给予是你曾经做过的最令人满意的事情。

❤ 它是真正快乐的源泉，生命的意义的源泉，也是最大的情感和心理回报的源泉。

❤ 它是从悲剧甚至是失去亲人的悲痛中恢复过来的最好方式。

❤ 它比创造财富更快乐，是通向幸福的最直接的途径，这是金钱和事业上的成功不能带给你的东西。

❤ 给予让家人走得更近；它缓解沮丧的情绪；它减少隔阂；它提供安全感；它提供能力感和成就感；它有治愈功能；它让我们体验与他人深厚的联系；它带来内心的安宁。给予带来了巨大的意义、满足和快乐。

答案就在于给予。

那么为什么我们当中没有更多的人去给予呢？每一天，都有慈善团体会呼吁说："如果我们只付出一美元……如果每个人都能奉献出他们可以付出的时间，那将会帮助上百万的人。"但他们的呼吁不起作用。

为什么会这样呢？也许是因为我们听到的给予行为能让我们感到快乐的故事还不够多，诸如我们仰慕的人的故事；我们梦想能遇见的人的故事；还有引领我们事业的人、我们喜欢的歌星、影星的故事。在我的工作中，我有幸能遇到许多这样的人——其中一些是名人，有些是公认的为给这个世界做了好事的人，有些是非常富有并在事业上取得了成功的人。他们的故事让我知道，他们为自己在乎的事业付出时间、资源和才能之后，带给他们的快乐和成就感远远超乎他们自己的想象。我想必须得把这些故事讲出来，因为这些故事有激励他人做同样的事情的力量。

这本书是如何写成的

当大家听到这本书的内容时，第一件事就是问我："你是怎么让这些人参与进来的？"但对我而言，最终真正让我产生有关这本书的想法的问题是："对于这些我能有幸遇到的人，该与他们做些什么呢？"

MTV音乐电视网的共同创始人、也是本书重点要介绍的令人鼓舞的给予者之一汤姆·弗来斯顿（Tom Freston），在我们的会面中告诉我："在慈善领域，打开一扇门之后就会有十扇门打开。"回顾起来，我知道他的话的确有含义。在社会领域，人们对所做的事热情极高，如果遇到有人有强烈的欲望去做某件事的时候，他们倾向于尽力帮助其实现梦想。我的梦想是带来给予意识的转变，把一些我们认为是苦差事和感觉受折磨的道德义务，转变成我们想做的事，因为它们给了我们生活的成就感、意义和幸福。

作为一名慈善顾问，我有幸遇到了一些引人瞩目的人，我问过他们当中的三人（我字斟句酌、彬彬有礼地给他们发了正式的邮件，并希望能掩盖我诚惶诚恐的自我意识）能否愿意给我一个机会，为我打算要写的有关给予的快乐方面的书提一些他们的意见。

我首先接触的是通信行业的实业家莫·易卜拉欣（Mo Ibrahim），一是因为我发现他迷人的个人故事是成功的典范，二是因为我知道自己的项目将会从他的影响力和智慧当中受益。接下来，想到的是戴维·福斯特（David Foster），这是由于他在音乐产业的明星地位，还有他作为好人的"街头声誉"。第三个人就是迪帕克·乔布拉（Deepak Chopra），因为他就是迪帕克·乔布拉。还需要我多说吗？

我在头脑中列出了各种他们可能会拒绝的理由。"我不想自鸣得意，夸夸其谈地谈给予行为如何给我带来了快乐。""你问的问题太涉及个人隐私。""谈论慈善工作给我带来的影响，不是自我吹嘘吗？"但令我惊奇的是，他们三人都欣然同意了。接下来，我与大不列颠哥伦比亚大学的研究团队接洽，他们都非常乐意分享给予与幸福感之间的关系的最新研究成果。我的项目不断有所进展。

虽然我已经开始与信任的联系人接触，但不得不把范围扩大一些。我既不是名人，也不是一个超净资产的人，和这些人接触能锻炼人的应变能力。我翻出了多年来收集的所有名片，并根据联系人和联系途径做了一个电子表格。我和高额捐助者及名人们一个一个地联系，通常是通过正式的信件告诉他们，已经有人表示愿意分享给予对自我带来的变革性力量的故事，询问他们是否愿意加入这一行列。撰写名人给予行为方面的书籍并非我的本意，但我知道，如果有像戈尔迪·霍恩（Goldie Hown）这样的人乐于分享给予带来的快乐方面的故事，就能够更容易让其他人效仿。我绘制的电子表格上"确认的"人数不断增加。虽然我的生活是孤独和寂寞的，但我有一种强烈的感觉，我周围有一批与我志趣相投的人，他们相信我正在做什么。

在大约第五个月的时候，好像魔法一样，人们开始建议我在这本书中着重介绍哪些人，而不是我去请求他们这么做。在许多情况下，仿佛上天在帮助我做这个项目，我在正确的时间到了正确的地方。在许多日子里，我"刚好碰巧"坐在了我需要的人的旁边。令我惊讶的是，即使那些别人告诉我极为重视隐私的人，也答应接受我的采访。其中之一就是雷·钱伯斯（Ray Chambers，"从来没有人听说过的最伟大的慈善家"），他更喜欢在幕后工作，据说他曾付了大笔的钱来让自己不出现在新闻媒体当中。

在雷谈到这个项目的时候，我很感动。他说："这件事吸引我的是，这会让数以千万的人有同样的感受，认识到给予行为能给自己带来什么。然后，有望随着这一理念的传播，我们会开始看到一种转变。"我告诉他，这也正是我所希望实现的。

当然，我也会遇到艰难险阻和各种繁文缛节，有数千个小时我乘飞机往返于新加坡、纽约、日内瓦、苏黎世、洛杉矶、旧金山、华盛顿、曼谷、伦敦和菲律宾等地（到目前为止，仅这个项目，我已经有了约63万千米的飞行记录）。我必须按照我的受访者的时间表来工作：奥斯卡、戛纳电影节、世界经济论坛、纽约时装周。有时候我不得不花上整天的时间在好莱坞的星光大道上寻找某位明星。

但回想一下，这种方式是独一无二的！

对于所有为了这个项目慷慨地奉献出自己的时间、精力和资源的人，我对他们感激不尽。我们希望你，亲爱的读者，能受到鼓舞，用新的视角去审视自己的时间、精力和资源，你将会从新的角度体验到给予的变革力量。

珍妮·桑蒂

2014年于新加坡

第一章

因获取而生存，因给予而生活

我为什么要这么做?

2004年12月26日上午，26岁的捷克模特佩特拉·内姆科娃（Petra Nemcova）和她33岁的摄影师未婚夫西蒙·阿特里（Simon Atlee）正在泰国的考拉度假村度假。他俩两年前在摄影现场相遇之后，开始了童话般的长途爱情之旅。佩特拉生活在纽约，西蒙生活在伦敦。他俩根据工作的需要会经常一起周游世界，他们去过葡萄牙、迈阿密、开普敦、智利、佛蒙特等地。佩特拉计划通过泰国之旅给西蒙一个惊喜，因为他从未去过那里。在泰国的前几天，他俩一起潜水，晚上睡在星空底下。这简直是太美了！西蒙感到幸福极了。可一切来得那么突然。

有历史记载的规模第二大的地震，就发生在这天早上。这场地震在印度洋沿岸引发了一系列灾难性海啸。当第一条地震波袭来的时候，佩特拉和西蒙正待在他们的小屋里。"我听到了人们的尖叫和从屋里跑出来的声音。大家一片狂乱，"她说，"这简直不像是真的。"接下来，海水冲进了他们的小屋。顷刻间，他们被冲了出去。西蒙拼命喊道："佩特拉，佩特拉，这是怎么啦？"小屋的玻璃全碎了，佩特拉被卷进了满是碎片的激流。洪水带走了所有倒下的树木、所有被摧毁的建筑和整个树林。水流的力量太强大了，你什么都做不了，只能任其摆布。

佩特拉并不知道，此刻之后，她将再也见不到自己生命中的爱人了。西蒙又一次拼命叫喊："佩特拉，佩特拉！""这是我最后一次见到他。"海啸让14个国家满目疮痍，23万多人在这场灾难中丧生，其中就包括西蒙。

很快，佩特拉意识到自己的盆骨断了，腿脚无法移动，只能靠自己的双臂。"我只有撕心裂肺地大喊。海水的力量推着我的臀部，让它一点点、一点点、一点点地破碎。"她说。她移向一棵半截浸在水中的棕榈树，将其紧紧地抓住。她看着人们从身边冲走，大多数都是孩子。他们喊叫着求助，可是她无能为力。"我的双腿无法移动，什么也做不了。我多么希望能帮他们，"她说，"半个小时之后，你再也听不到孩子们的声音，谁的声音也听不到了。"

后来，水位开始下降，但这也增加了她的疼痛，因为此前海水对她的断裂的盆骨起到了缓冲的作用。她挣扎着在树枝上找到能够让她的下肢依靠的地方，结果却昏倒了。她猜测灾难到底有多大，不知道自己会不会被人发现——"你不知道自己会在那里待上几个小时还是几天。你什么都不知道。"她说。

在接下来的八个小时里，她紧抱那棵棕榈树。最后，两个泰国男子发现了她，于是前来相助。"我已经是一丝不挂了，海水把我身上的一切全冲走了。"佩特拉说。汹涌的激流撕去了她的游泳衣。"他们试图为我遮挡，不过这是你最不愿意想的事。其中的一个男子问我能否搂住他的脖子，这样他就可以把我背起来，但我疼得动都动不了。他给我拿了些果汁，然后他们就离开了。我不知道他们还会不会回来。当时我想，如果夜幕降临的话，我该怎么办呢？那时海水会更冷。不久之后，其中的一个男子带着几个泰国人和瑞典人返了回来。他们都冒着生命的危险——他们可能会被海水冲走；不幸可能会降临在他们的身上，但他们每个人都为了别人而忘了自己。看到这些人都做着难以置信的事情，让我感到很吃惊。"

多美的举动啊！①

第二天，佩特拉被直升飞机转移到了一家医院。她的盆骨断裂得太厉害，又靠近椎骨，就连医生都说她没有瘫痪简直就是奇迹。因为内伤，肾脏还出现了血肿，她失去了身体一半的血液。在接下来的几周，她先是在泰国的医院，然后又到了捷克共和国父母亲的家里休养。

但是，等伤痛刚刚恢复，她就立刻返回泰国，看有没有她能够帮得上忙的地方。

我们很早就学过，舍比得要好。我们得到教导要付出，在帮助有需要的人的时候，自己也感到快乐。但是，就给予而言，有没有更深层次的驱动力？像佩特拉·内姆科娃这样的人，本可以待在自己舒适的家里，永不再去泰国，是什么驱使其返回灾难现场去帮助别人（而且最后还成立了基金来救助灾难的受害者）？在因帮助别人而感到满足的同时，有时候我们不禁问自己：我为什么要这样做呢？

数个世纪以来，哲学家和社会学家们一直在思考给予的原因。"因为有舍才有得。"阿西尼的圣·弗朗西斯说。"人生的唯一意义就是为人类服务。"托尔斯泰说。"我们因获取而生存，因给予而生活。"温斯顿·丘吉尔说。或者用中国的一句格言来说，就是："如果你想要一小时的幸福，就去打个盹；如果你想要一天的幸福，就去钓鱼；如果你想要一年的幸福，就去继承一笔财产；如果你想要一辈子的幸福，就去帮助别人。"

民间传说、寓言故事及文学作品中的智慧都描述了同一个现象。在查尔斯·狄更斯（Charles Dickens）的经典作品《圣诞颂歌》（*A Christmas Carol*）中，主人公埃比尼泽·斯克鲁奇刚开始是一个厌世者，讨厌每一件事情、每一个人，完全站在慈善家的对立面。——"呸！都是骗人的！"

---

① 莱斯利·本尼茨. 浮华世界［M］. 2005.

这是他众所周知的一句话。就像狄更斯描述的一样，他像燧石一样又硬又尖，连钢铁也不能敲出一点慷慨的火花来；像牡蛎一样神秘、寡言、孤独。冰冷的内心冻僵了他的那张老脸，冻伤了他尖尖的鼻子，让两颊变得干瘪，步伐变得僵硬；也让他的两眼发红，双唇发紫；精明的他喊起话来让人觉得刺耳。他的头顶、睫毛和瘦长结实的下巴布满了冰霜。他冰冷的温度如影随形。然而，在故事的结尾，他在圣诞节的时候得到了醒悟，成了一个幸福的人。斯克鲁奇说："我像羽毛一样轻盈，像天使一样幸福，像学生一样快乐，像酒醉者一样兴奋。"是什么让他有了这样的变化？是一系列的梦促使他对别人要慷慨。

哲学家和圣人们津津乐道于善恶报应，而直觉和大众心理学则认为帮助他人就会得到快乐。有没有什么科学研究或有效数据支持给予行为有益于给予者的观点呢？

答案完全是肯定的。今天，科学研究给它提供了强有力的数据：给予行为是通向个人成长和持久快乐的强有力的途径。越来越多的科学文献指出了快乐与给予行为之间的联系。要想过上不仅更快乐，而且更健康、更富有、更高效和更有意义的生活，帮助别人或许是最佳的诀窍。现代科学研究证明，的确如此。

善者生存

在加利福尼亚大学伯克利分校，研究者们正在向长期以来认为人类天生自私的观点进行挑战。越来越多的证据表明，在追求生存与发展的过程当中，我们变得越来越富有同情心，越来越有合作精神。"由于我们的后代非常脆弱，所以人类的生存和基因复制的基本任务就是关照他人。"加州大学伯克利分校至善科学中心负责人丹切尔·凯尔特拉（Dacher

Keltner）说。"人类之所以作为一种物种幸存了下来，是因为我们在进化过程中具备了两种能力，一是能够关照有困难的人，二是合作能力。"这是不是和查尔斯·达尔文提出的"适者生存"的竞争模式相矛盾呢？因为它认为每个人必须得照顾自己。答案似乎是否定的。在《人类的由来》（*The Descent of Man*）一书当中，达尔文多次提及了乐善好施的行为，他得出的结论是自然界存在着友爱、同情与合作，就如鹈鹕会给自己群体当中失明的同类喂鱼吃。"就如达尔文很久以前所猜想的，同情心是我们最强烈的本能。"凯尔特拉说。

我们的大脑天生具有服务意识

"你会看到这一点！"约格·莫尔（Jorge Moll）博士在一封电子邮件中这么写道。莫尔和乔丹·葛拉夫曼（Jordan Grafman）是国家卫生研究院的神经科学家，他俩一直在扫描志愿者的大脑，因为他们应邀探讨把钱捐给慈善机构和留给自己两种情况下会有什么不同的反应。葛拉夫曼读电子邮件的时候，莫尔闯了进来。两位科学家面面相觑。葛拉夫曼在想："啊——稍等一下！"

2005年前后，有两项研究考察是关于大脑的哪一部分会产生给予的冲动，从而解释为什么人们在帮助他人的时候感觉会是那么的美好。葛拉夫曼主持了这两项研究中的一项。这两项研究都要求参与者向慈善机构捐助，然后，通过功能性磁共振成像技术（fMRI，通过观测神经元活动所引起的血流量等物理变化来形成大脑活动的图像）来观测大脑的活动。通过询问受试者对慈善事业的参与情况，或者他们总的利他主义的能力，研究人员还把这些影像实验的结果与受试者的日常行为联系在了一起。

葛拉夫曼更感兴趣的是当受试者在损失自己利益的情况下捐赠或者反

对捐赠时会发生什么。这项研究有19人参与，每一个人都可以选择拿着128美元的钱罐离开。同时也给了他们一个独立的资金池，他们可以选择把资金池中的资金捐助给各种与一些有争议的问题相联系的机构，如堕胎、安乐死、核力量、战争或死刑等。有一台计算机给受试者逐个介绍一系列的慈善机构，让他们自己选择捐助还是不捐助，或者接受回报并把得到的钱放入钱罐。有时候，让受试者从钱罐中拿钱，做出捐助还是不捐助的决策是很难的。他们平均每人从钱罐中拿出了51美元用于捐助，剩余部分则占为己有。

观测发现，在受试者选择捐赠或者接受回报的时候，大脑的活动模式是相似的。不管在哪一种情况下，大脑朝前额被称之为前额叶前部的区域都会发亮。在葛拉夫曼博士和他的团队要求受试者对他们的日常慈善参与活动定级时，发现那些定级最高的受试者前额叶前部活动水平最高。

结果证明，在志愿者把别人利益放在自己利益的前面时，这种慷慨行为激发了通常在遇到食物或性行为时才会触发的原始部位。捐助行为影响了两个大脑"回报"机制，让其共同工作。第一个是中脑腹侧被盖区——纹状体边缘网络，它会在遇到食物、性、毒品和金钱时受到刺激；另一个是膝下区，它会在看到婴儿和恋爱伴侣时受到刺激。

葛拉夫曼和莫尔2006年的研究是什么让人感到震惊呢？1989年，经济学家詹姆斯·安德雷奥尼（James Andreoni）提出了"暖意赠予（warm glow giving）"的概念，企图解释为什么人们会有慈善行为。如果我们大脑的进化是为了最大限度地生存下去，那么为何即使是牺牲自己的利益也要去帮助别人呢？这一争论不休的问题也让神经系统科学家和进化论者倍感困惑。詹姆斯·安德雷奥尼的答案是人们从事的是不纯的"利他主义行为"："暖意赠予者"的慷慨行为并非只是受到接受者利益的驱使，他们在自己的给予行为中也会获得效用。"效用"是经济学家们使用的一个重要概念，用来衡量消费者从某样东西或环境（例如，某人喜欢一部影片的程度或者购买门闩之后的安全感）中得到的有用性。最简单地说，经济学家认为，人们购买不同的商品时情愿花费的金钱是不一样的，这就是效用性的体现。

就赠予行为来说，效用性就是暖意，即人们在帮助他人的过程中获得的积极情绪体验。莫尔说他们2006年的研究"在生物学的水平上坚决支持'暖意'的存在。它有助于说服人们在做好事的时候，也会让自己感到美好，因此利他主义需要的不仅仅是牺牲自己的利益"。他们的实验第一次提供了"给予的快乐感"在人的大脑中有其生物学基础的证据。意外的是，它又是与自私的欲望和回报共存的。实验认为，利他主义并非是一种压制基本私欲的超众道德职能；相反，它与生俱来地存在于大脑当中，让人有快乐感。

正如电信巨头约翰·考德威尔（John Caudwell）所讲："对于那些还没有发现慈善事业的人，我要说的是，他们或许会发现，慈善事业就如毒品，它所带来的快乐，远远超过创造财富所带来的快乐。"

利他行为的理念，就像一种奇药，在我们身边至少存在了二十年。研究者将我们在帮助别人时所体验得到的欣快感称之为"帮助者的快感"。这一术语是志愿主义和健康专家艾伦·路克斯（Allan Luks）二十年前首先提出来的，用来解释和帮助别人相联系的强烈的感受。

路克斯观察了1700多位经常参与志愿活动的女性在帮助别人时的身体反应。[①]研究表明，有50%的人称她们在帮助别人的时候能感受到"快感"，43%的人感到精力更加充沛。让人吃惊的是，有13%的人称自己能够体会到疼痛感和痛苦感的减轻。

---

① 艾伦·路克斯. 帮助者的快乐感：做志愿者可以让人们的身心感到愉悦[J] //今日心理学；第22卷第10号. 1988：34-42.

正如哈佛大学心脏病专家赫伯特·本森（Herbert Benson）所言，助人行为就是一扇门，通过这扇门，就可以忘掉自我，体会到我们与生俱来的身体感受。赛跑者内啡肽水平升高时就会出现快感，同样，人们在为他人做好事的时候也会出现快感。换言之，助人者的快感是一个经典的案例，它体现了自然内置于助人者体内的回报机制。[①]

多年来，越来越多的研究瞄准了这一理念：帮助别人不仅仅让获得帮助的人直接受益，而且也给助人者产生了积极的后果。但是，如果助人行为不是自愿的情况下，会不会有同样的结果呢？

俄勒冈大学的经济学家比尔·哈博（Bill Harbaugh）和心理学家乌尔里希·梅尔（Ulrich Mayr）博士在2007年的一项研究中探讨了自愿捐助行为与非自愿捐助行为的大脑活动差异。他们给每一位受试者100美元，并且告诉他们，没有人知道他们会留下多少钱或者捐出去多少钱，甚至连召集他们参与实验的研究者也不知道。然后受试者接受了大脑扫描。所给的资金记录在受试者提供给实验室助理的便携式存储驱动器上，实验室助理给受试者提供现金，并在不知道捐助者的情况下将捐款寄给慈善机构。

在一系列交易过程中，通过功能性磁共振成像技术来对受试者的大脑进行测试。有时候，受试者不得不选择是否给食物赈济处捐助一部分现金。有时候，在没有得到许可的情况下，会为他们捐给食物赈济处的资金征税。有时候，他们会得到额外的金钱。有时候，食物赈济处会收到并非这些受试者资助的款项。

确定的是，正如所料，受试者在给食物赈济处捐钱的时候，会得到

[①] 本吉·范克朗哥本. 没有出路的综合征及帮助者的快乐感：通过帮助别人来治愈自我 [DB].

"暖意感"的回报。他们大脑中释放让人快乐的化学物质多巴胺的区域（包括尾状核、伏隔核和岛叶）会骤然发亮。这些区域在你吃甜点或得到金钱的时候也会产生反应。

让人吃惊的是，当受试者被迫给食物赈济处纳税的时候，这些分管快乐的区域同样也会被激活——虽然程度不是很大。实验发现，和纯利他主义相一致的是，即使在强制的情况下，给慈善机构纳税这样的行为也会诱发和回报过程相关的神经活动。即便是在强制受试者捐助的情况下，虽然没有在自主选择捐助的情况下反应强烈，但快乐反应依然存在。①

孩子在给予的时候会比接受的时候快乐吗？

截至目前的研究证实，我们在帮助别人的时候自己也感到快乐。这种特性仅仅是成年人才有，还是与生俱来的呢？不列颠哥伦比亚大学的心理学家们在伊丽莎白·杜恩（Elizabeth Dunn）的领导下，在小孩子们中间展开了给予与幸福感之间的关系的研究。

杜恩和她的同行们让23名学步的儿童参加给予的游戏，并且边观察边用摄像机录下了他们的表情。孩子们得到金鱼饼干的"款待"，而且在不牺牲自己个人利益的情况下可以自由地把饼干送给别人。每一个孩子都会遇到木偶——它们是"饼干怪物"，并且喜爱吃这些好吃的饼干。木偶们"吃"放在他们碗里的饼干并且发出吃东西的声音。孩子们觉得木偶在真正地吃东西，而且还很享受。

接下来又给孩子们带来了一只木偶猴子，鼓励他们把它看作宠物并和

---

① 威廉·哈博，乌尔里希·梅尔，丹尼尔·伯格哈特. 纳税和自愿捐赠的神经反应揭示慈善捐赠的动机 [J] // 自然；第316卷第5831号. 2007：1622-25.

它玩耍，还告诉他们这只猴子也喜欢吃饼干。在孩子们了解到有限的资源之后告诉他们："你们和猴子现在都没有饼干。"接下来，孩子们看着实验员把8份新饼干放进他们的碗里，同时告诉他们这些饼干都不是猴子的。然后，实验员"发现"了第9份，并将它给了木偶猴子。再接下来，把第10份给了孩子，让他们交给木偶猴子。最后让他们把自己碗里的饼干给木偶猴子。

让人吃惊的是，这些孩子没有表现出任何厌恶的表情。当他们给木偶饼干并且后来又得到饼干的时候表情显得更加快乐。

研究者劳拉·阿克宁（Lara Aknin）说，帮助别人的快乐感是人性内在的一部分。"你可以把亲社会行为①扩展到包括奉献自己时间的志愿行为，出于某些原因捐钱或者给予别人其他资源。所有这些都是与快乐相关的。"②杜恩和他的同行得出结论认为，即使婴儿天生也是友善的，喜欢帮助别人。孩子们在付出的时候比得到的时候更加快乐。

但是，我们把东西给予自己的时候又会如何呢？

星巴克实验

金钱可以买到幸福，条件是……

当我们想到金钱的时候，经常会考虑能为自己买到什么。杜恩博士和哈佛商学院工商管理专业的迈克尔·诺顿（Michael Norton）教授一起做了

---

① 亲社会行为定义为"旨在有益于别人的自愿行为"，它包括"让别人或社会整体受益（如帮助、分享、捐赠、合作和志愿服务）"等方面的行动。

南希·艾森伯格，理查德·法比斯，特雷西·斯宾兰德. 亲社会发展：社会、情感和个性发展［J/OL］//儿童心理学手册. 纽约：约翰威立父子公司，2006.

② 阿曼达·伊拿耶迪. 为了孩子，给予比接受更好［DB］.

一个实验，某天早上让"金钱从天上"掉到加拿大渥太华的一些学生身上。

这些学生收到一个装有5美元或20美元的信封，然后随机让他们把钱花在自己或者别人身上。同时，要求每一位同学对自己的快乐感给出等级。诺顿称其为星巴克实验。实验要求学生可以为自己买咖啡、食物、化妆品和首饰等。当要求为别人买东西的时候，他们为自己的兄弟姐妹购买了咖啡和玩具等礼物，或者把钱给了慈善机构。

到了晚上，研究团队把这些学生召集回来，让他们描述自己的快乐感。那些把钱花在别人身上或者给了慈善机构的学生感到格外快乐。事实上，和这些更为快乐的学生相比，那些把钱花在自己身上的学生和早上相比情绪没有什么变化。

杜恩和诺顿同时也发现，人类的这一现象仅限于像加拿大这样的物质过剩的文化当中。他们曾前往乌干达观察人们把钱花给别人是否会带来快乐。加拿大和乌干达几乎在你想象到的每一方面都各不相同，例如从历史到宗教，再到气候和文化等。但最为重要的是，就人均收入而言，这两个国家处在两个极端。加拿大处在世界上最富有的15%的国家之列，而乌干达则位于世界上最贫穷的15%的国家当中。"可以想象，如果生活在一个富裕的国家，把钱花在别人身上会感到快乐，因为你的基本需求已经得到了满足，而且你的生活状况总体上也是不错的。我们也的确想知道，如果去一个非常贫穷的国家，人们甚至还在为自己的基本需求而担忧的时候，是不是依然把钱花给别人要比花给自己快乐呢？"诺顿说道。

面对同样的实验，来自这两个国家的人回忆起的消费经历是截然不同的。在加拿大，给别人花的钱用在严肃事情上的例子很少，太多的人都把钱花在了诸如生日礼物之类的东西上。然而，在乌干达，人们则把钱花在了帮助遇到医疗困难或有重大需要的人。根据杜恩和诺顿的研究，在要求一位（加拿大的）女士回忆为别人花钱的经历时，她写道："我和妹妹一起给母亲买了一份生日礼物。我们在一家购物中心的饰品店给她买了一条紫色的围巾。是阿尔多饰品店，一共花了15美元左右。"

面对同样的要求，一位乌干达的女士回忆道："有一个星期天，我去见了一位老朋友，她的儿子得了疟疾，孩子的父亲手头没有钱，他们准备去附近的诊所看看。于是我给了她一万先令的医疗费和路费。"

不过总体来说，在这两种文化当中，给别人花钱都能带来快乐感。"即使在自己处于困窘的时候，给别人花钱要比给自己花钱更能带来快乐。"诺顿如是说。

"然而，我们再次看到的是，你把钱花给其他人的具体方式并不重要，重要的是因为把钱花给别人而感到快乐。所以要让自己快乐，你不必用自己的钱做令人惊奇的事情，"诺顿补充说："如果你真的很喜欢买的东西，你可能会有点快乐的感觉。但仅此而已。不会有其他的人从中获益。但当你给别人付出的时候，不仅让别人快乐，也会让自己快乐。快乐的人成了两个，而不是一个。你听到的那些一生都在给予别人的人所讲述的故事，都是情真意切的：他们不仅感到对别人产生了影响，而且实际上也在改善自己的生活。我们所有人都可以做到这一点。我们本应该这么做，只是没有充分利用而已。"①

这些研究成果与新加坡管理大学的戴维·陈（David Chan）教授在新加坡进行的一项研究结果一致：给予和幸福感是紧密联系在一起的。那些愿意做志愿者或捐赠的人比其他人更可能对自己的生活感到满足和幸福。这项研究发现，愿意做志愿者或捐赠的人当中，有2/3（66%）的人对自己的生活感到满足和幸福。也就是说，他们在主观上有很高的幸福感。相

---

① 伊丽莎白·杜恩，迈克尔·诺顿. 花钱带来的幸福感［M］. 纽约：西门苏斯特出版社，2013.

反，在不愿为别人付出的人当中，只有不到一半（45%）的人在主观上有较高的幸福感。①研究还发现：

- 在过去的12个月内，志愿服务时间达到或超过12小时的人要比低于12小时的人主观幸福感强（71%：63%）。
- 在过去的12个月内，给予别人的金额达到或超过100美元的人比少于100美元的人主观幸福感强（72%：59%）。
- 在考虑收入状况之后，调查结果不变。

对于这些结果，陈博士解释说："这一项在新加坡的实验第一次就给予和给予者幸福感的研究，其结果与其他地方的研究结果是一致的，它表明给予和幸福感之间是相互影响的。幸福快乐的人更容易给予，给予同样使他们变得更加快乐。这是因为给予行为不仅给接受者带来了好处，也对给予者产生了积极的结果。当你给予的时候，你从帮助他人的过程中找到了个人的意义。当你看到那些不幸人的处境时，你也会更加感激自己的生活状况。结果也可以是间接的。例如，在帮助别人的时候，你与受益人及其他给予者之间的交流会促进积极的社会关系和群体意识。"

研究者把参加慈善活动的益处大致分为两类：公共利益和个人利益。公共利益是指个人、慈善家和非营利组织追求他人利益的结果。它有各种形式，如改善教育条件、给贫困人群提供食品和健康服务、为失业人群增加就业机会、让大家都有机会接触到艺术等。慈善活动带来的个人利益是指通过捐赠、志愿者活动、行动主义和慈善活动等带来的回报性体验。这

---

① 戴维·陈教授，李光耀研究学者，心理学教授，新加坡管理大学行为科学研究所所长；任职于国家志愿者与慈善中心。2012年参与个人给予调查。

包括对自己感觉良好、成就感、社会认可感，也包括有机会接触到政治权势人物，获得高级别事件的邀请等。迄今绝大多数实证研究发现，个人利益行为是给予的主要动机。一般来说，做慈善活动的动机是在无私和自身利益之间。研究人员欧斯金（K. H. Erskine）全面总结了7个人们给予的原因：利他、感激、竞争、奉献、内疚、自利和传统。①

志愿者万岁

想象你在海滩进行一年一度为期一周的假期。可你的工作压力处于历史最高水平，并且仍然感到非常焦虑和疲惫。虽然你的医生曾建议你休息一下以减轻压力。你已经是第三天涂着防晒霜极不舒服地坐在太阳椅上，当你把伴侣坚持让你读的减压自助书翻到第三页的时候，突然听到有人呼救的声音。朝大海望去，你看到有人挥舞着手臂，他突然开始下沉到水面以下。尽管没有救生浮标鱼雷和红黄色相间的沙滩装，你本能地变成了一个英勇的救生员，在晒日光浴的人们身上一跃而过，跳入大海，把淹得半死的溺水者拽了出来，对其口对口做人工呼吸的时候发现，这个人吃完咖喱鸡后就没有刷牙。

见证你的英雄事迹之后，海滩上爆发出了掌声与泪水。因为你无畏的勇气，溺水者在你面前咳嗽了起来，恢复了意识。你为自己勇敢的行为感到满意。但你因此有没有别的好处呢？所有的眼睛都盯着你，你精疲力竭，感到有些不自然。当你把沙子从嘴唇上擦掉的时候，可以想到的是，每个人都在看着你——并非准备好在沙滩上度假的躯体。你问自己：这对

① 丽萨·威士兰. 人们为何给予？[J] // 非营利部门研究手册第二版. 沃尔特·鲍威尔，理查德·斯坦伯格，编辑. 康涅狄格州纽黑文：耶鲁大学出版社，2006：568-87.

我来说有什么好处呢？

问问医生，他们会说：好处多多。

现在科学能够解释，跳进大海去救溺水者，要比晒一整天太阳和边喝凤梨奶霜酒边接受足部按摩更能够减轻压力。这怎么可能呢？事实证明，当我们帮助别人时，身体会引发健康化学物质的释放。做好事会释放对我们身体"有益"的化学物质。帮助他人可以降低你的压力水平，你的心脏就可能会以更健康的节律跳动。同时，你的免疫系统也会得到提升。事实上，一些研究表明，经常帮助他人可以有助于我们长寿。

在我们面对焦虑的时候，就会释放出诸如皮质醇一类的压力荷尔蒙，心脏和呼吸频率加快。帮助别人的行为就像是一种解毒法。想着帮助别人的时候，为了帮助我们排除忧虑感，大脑就会释放出称之为后叶催产素的"有益"荷尔蒙。[①]可以把它看作纽带、同情，或者正如一些科学家所称的"拥抱"荷尔蒙：这种荷尔蒙有助于建立起母亲与婴儿间的纽带，它和性行为时释放出来的荷尔蒙是一样的。

当我们的同情电路被打开时，愤怒电路就不会被激活。这两个电路不能同时工作。当后叶催产素电路接通的时候，任何负面情绪都会被推到一边，我们就可以享受这些"一切都很好"的时刻。换言之，后叶催产素驱走了我们的焦虑不安，减少了我们的忧虑，让我们有所准备地帮助陌生人。

要帮助你不认识的人，你必须克服规避风险的自然冲动。每帮助一次陌生人，你都会有点担忧，这会让你感到脆弱。理论上讲，克服这些恐惧的时候，你的身体会释放后叶催产素，它有助于你缓冲压力，同时增加社会信任和心里的安宁。结果证明，这种"同情荷尔蒙"对你的身体是很有

---

① 斯蒂芬妮·布朗，兰道夫·内塞，阿米兰姆·维诺库，等. 提供社会支持可能比接受更有益：来自一项前瞻性死亡率研究的结果［J］// 心理科学；第14卷第4号. 2003：320-27.

好处的。"你这样做是在限制诸如皮质醇这样的压力荷尔蒙。"纽约石溪医学院预防医学教授斯蒂芬妮·布朗（Stephanie Brown）博士说。

但是如果仅仅让别人帮助我们，而不给予任何回报，我们会不会更好呢？

由布朗博士领导的研究小组在一项2003年的研究中发现，在上述情况下，我们并不会感到更好。她和她的同行们分析了底特律地区423名年老的已婚夫妇们的数据，这些夫妇都对1988年的一项有关生活方式的调查做过反馈。布朗的团队梳理了5年当中的讣告，看这些参与过该调查的人哪些已经离世。其目标是在基于调查反馈结果的基础上，找到这些人的死亡和其社会行为的相关性。

这项研究从工具支持和情感支持两方面对给予性支持和接受性支持这两个维度进行了研究。给予性支持是通过询问被调查者是否在家庭之外帮助他人购物、做家务、照顾孩子或做其他工作；接受性支持的方式有点不同：受访者被问及是否"可以指望"其他人（包括家庭成员）来帮助自己。情感支持只在配偶之间进行衡量：受访者被询问他们是否感到被爱的感觉，配偶是否倾听他们的诉说，或者相反。

令人惊讶的是，布朗和她的研究小组发现，帮助其他人的人在这段时间内死亡的可能性比仅仅接受帮助的人小。在为期5年的跟踪调查中他们发现，给予社会支持会减少40%以上的死亡率，而仅仅接受社会支持死亡率增加了30%。相比之下，社会交往仅能减少19%的死亡率。同样，在控制其他因素后，给予配偶情感支持能减少30%的死亡率，而接受对方的感情支持死亡率并没有显著的变化。

当然，这些结果都仅是相关性分析而已。对于一项真正的实验研究，不管是给予还是接受的情况下，受试群体必须随机分配才行。事实上，很难构想出一个符合行为规范要求的实验来复制布朗的研究结果，这也是为什么我们有时必须依靠相关性数据的原因所在。在任何情况下，这项研究确实提供了令人信服的证据，来证明"给予比接受要更好"这样的哲学论断并非仅仅是空谈。①

另一项由布朗博士在2009年主持的研究，强化了这一观点。这项全国性的纵向研究涉及3376名年老的已婚人士。研究结果显示，每周提供至少14小时照料配偶的人，死亡率会下降，这一结论不受得到照顾的配偶的行为和认知局限或者人口与健康变量的支配。这些发现有悖常理普遍持有的观念，即照顾者由于提供帮助而面临健康风险。事实上，在某些情况下，照顾者实际上可能因为提供照顾而从中收益。②

20世纪50年代，科学家发现了（尽管是无意的）帮助他人与减轻压力和长寿之间的联系。康奈尔大学的一组心理学家对一些有孩子的已婚妇女进行了调查。他们调查了所有潜在的压力因素：孩子的数量、受教育情况、社会阶层、工作状况等。他们的假设是什么呢？孩子越多，压力越大，而且寿命越短。但令人惊讶的是，他们发现减少压力的第一要素是帮助别人。他们发现，和36%的参加过志愿者工作的家庭主妇相比，52%的没有参加过志愿者工作的家庭主妇身患严重的疾病。③

2011年，密歇根大学的莎拉·康拉斯（Sara Konrath）领导的团队第一次有目的地探讨了志愿者的动机对其后续的死亡率的影响。④研究发现，

---

① 斯蒂芬妮·布朗，兰道夫·内塞，阿米兰姆·维诺库，等. 提供社会支持可能比接受更有益：来自一项前瞻性死亡率研究的结果 [J] // 心理科学；第14卷第4号. 2003：320-27.

② S. L. 布朗，D. M. 史密斯，R. 舒尔茨等. 护理行为与死亡风险降低相关 [J] // 心理科学；第20卷第4号. 2009：488-94.

③ 史蒂芬·普斯特. 利他主义、幸福和健康：向善即好 [J] // 国际行为医学杂志；第12卷第2号. 2005：66-77.

④ 莎拉·康拉斯，安德烈·弗洛尔-弗比斯，艾琳娜·娄，等. 志愿服务的动机与老年人的死亡率风险有关 [J] // 健康心理学；第31卷第1号. 2012：87-96.

参与志愿者活动的受访者死亡风险要晚4年，那些经常有规律地参与志愿者活动的受访者更是如此。这项研究表明，参加志愿者活动的人要比不参加志愿者活动的人寿命更长——但前提是他们参与的志愿者活动必须有具体的原因。

那么这些原因是什么呢？

参与志愿者活动的原因有很多，但基本上可以分为两类：关注自我型和关注他人型。关注自我型的志愿者活动是指明显地考虑某些个人奖励的动机，如改善自我的情绪或自尊、逃避自己面临的问题、学习新的技能，甚至是为了得到提拔或改善个人的社会关系。这些都是参与志愿者活动的合法理由，本身没有好坏之分。关注他人型的志愿者活动是指真正关注并非是自己利益的事情。

2005年，研究员欧姆瑞·吉廉斯（Omri Gilliath）和他的同行们发现，大学生做志愿者活动是因为他们对需要帮助的人充满同情心（即关注他人型），而且在志愿者活动中获得了最大的人际利益：他们不再孤独，遇到的人际交往问题也较少。研究员莎拉·康拉特2011年的研究也发现，参加志愿者活动的人比不参加志愿者活动的人寿命更长——但前提是要参与关注他人型的志愿者活动。

来自英属哥伦比亚大学教育学院和心理学系的研究人员都很好奇，想看看志愿服务如何影响身体健康，尤其是对青少年的影响。研究人员发现，每周只做一个小时的志愿者就会改善青少年的健康状况。[①]在这项研究中，研究人员将106名来自温哥华市区一所中学十年级的学生分成两组——一组定期参加为期10周的志愿者活动，另一组作为候选。研究人员

---

① 汉娜·施赖埃尔，金佰利·朔纳特-雷赫尔，伊迪丝·陈. 志愿活动对青少年心血管疾病危险因素的影响 [J] // 美国医学会小儿科期刊；第167卷第4号. 2013：327-32.

在研究前和研究后分别测量了学生的体重指数、炎症特征和胆固醇水平。他们还评估了学生的自尊、心理健康、情绪和同情心等内容。

大学生志愿者小组每周工作一小时，与中学的孩子们一起在学校附近参加课外活动计划。10周后发现，这些参加志愿者活动的孩子们和那些候选学生相比，在炎症、胆固醇和体重指数方面都要低。

"那些称自己在同情心、利他行为和心理健康方面都有所提升的志愿者也同样看到他们的心血管健康有了最大限度的改善。"汉娜·施赖埃尔（Hannah Schreier）说。汉娜·施赖埃尔目前是纽约西奈山伊坎医学院博士后研究员。"看到一项社会干预活动在帮助社区居民的同时也改善了青少年的健康，这是令人鼓舞的事。"

对老年人也同样如此。卡内基·梅隆大学的研究显示，老人每年至少参加200个小时（每周4小时）的志愿者活动，会大幅降低血压。高血压会引起成年人的链反应，通常会引发心血管疾病。"每一天，我们都在了解到更多不良的饮食习惯和缺乏锻炼这些消极的生活方式增加高血压的风险，"卡内基·梅隆大学迪特里希人文与社会科学学院心理学博士罗得西亚·斯尼德（Rodlescia S. Sneed）说，"我们想弄清楚如志愿者活动这样的积极生活方式是否可以降低疾病的风险。研究结果给了老年人积极保持健康和长寿的实例。"研究过程中，斯尼德和她的团队对来自美国各地的1164名51～91岁的人进行了研究。这些研究对象在2006年和2010年各接受了两次访谈。第一次采访中他们的血压水平正常。并且每一次采访都对参加志愿者的意愿、各种社会和心理因素、血压等进行了评估。

结果显示，4年后进行评估时，那些在初次访谈时称至少每年参加200小时志愿者工作的人，患高血压的概率要比没有参加志愿者工作的人低40%。对高血压患者产生保护作用的是花在志愿者工作上的时间，而不是具体做哪一种志愿者工作。

"随着年龄的增长和社会生活的转变，例如退休、丧亲之痛、不再和孩子一起生活，经常让老年人与社会自然互动的机会减少，"斯尼德说，"参与志愿活动可以给老年人提供与社会联系的机会，否则没有其他的方式。强有力的证据表明，良好的社会关系有利于促进老人健康，降低一系列给健康带来负面影响的风险。"

就像一位英勇的消防队员冲向起火的建筑物一样，有时候我们的志愿服务并非按预期进行。我们的大脑有时只是遵循耐克的格言：在需要帮助的时候，"去做就行了"。在我们这样做的时候，感觉很好。显然，这也使我们活得更长久。

为什么志愿服务会有这样的积极影响？一种解释是，志愿服务是一种社会活动，它可以提高一个人的社会资源，这种资源反过来又有益于健康。也有人说，志愿服务有超出其他社会活动的好处：尽管其他社会活动可能产生暂时的快乐功效（如享乐主义），但是和其他社会活动相比，志愿服务有更深远的意义。这也许是为什么我发现参加慈善活动的人要比毫无目的地参加放纵晚会的人真正快乐的原因吧。①

---

① 纵向研究表明，随着时间的推移，志愿者工作和幸福感存在相互关系。

Y. 李，K. F. 费拉罗. 中年和晚年的志愿服务：健康是一种益处还是一种障碍，或两者兼而有之？［J］// 社会力量；第85卷第1号. 2006：497-519.

P. A. 索茨，L. N. 翰威特. 志愿者工作与幸福［J］// 健康与社会行为杂志；第42卷第2号. 2001：115-31.

越是按照固定的时间点来参加志愿者工作，对一个人的身心健康的影响就越是有利，这样，这些身心更加健康的个人就会投入更多的时间参加志愿者工作。

M. 范威利根. 人生历程中志愿者工作的差异性效益［J］// 老年医学杂志，心理学和社会科学系列B；第55卷第5号. 2000：S308-S318.

最近的研究表明，参加这些活动的人比那些不参加这些活动的人活得更久。与非志愿者相比，志愿者的死亡率降低了60%。D. 阿曼，C. E. 托雷森，K. 麦克马洪. 社区老人志愿者服务与死亡率［J］// 健康心理学杂志；第4卷第3号. 1999：301-16.

与既不接受也不提供社会支持的人相比，提供社会支持的人死亡率要低50%。

　　幸运的是，我们当中的大部分人都做志愿者。在一项对美国各地4582名成年人的调查中发现，10个人当中有4人平均每周参加2小时的志愿者工作。更令人吃惊的是，68%的志愿者认为志愿服务"让我觉得身体更加健康"。事实上，这一调查显示，参与志愿者活动的人睡眠问题更少，遇到的压力更小，而且有更好的人际关系。最后，让人难以置信的是96%的人称志愿服务"让人们更快乐"。[①]人们开始寻求"帮助别人的途径"。"如果你能制造出一种功效和志愿者帮助人之后感受一样的药丸，"作家史蒂芬·普斯特（Stephen Post）说："它将在一夜之间成为畅销药。"[②]

　　事实上，我们根本不需要吃药。花点时间，想象你自愿去帮助某个人就可以了。

　　有什么感觉吗？如果没有也不要担心，因为事实上你的中脑边缘系统已经有感觉了。甚至一想到或想象帮助别人就会释放出化学物质，把这个系统激活起来。中脑边缘系统被广泛认为和奖励与欲望相关，它是舒缓激素多巴胺和抗抑郁激素血清素通道。当我们在给予、想象给予，或看到别人的给予行为时，中脑边缘系统会释放出主宰我们其他应激激素的化学物质。[③]在一项相关研究中，学生们在看了一部影片中修女特蕾莎（Mother Teresa）与穷人一起干活的情景之后，出现了保护性抗体的增加和免疫力提高的现象。[④]

　　有趣的是，我们的大脑结构能够区分修女特蕾莎一样的高尚追求和基于享乐主义的快乐。研究人员斯蒂文·科尔（Steven Cole）和芭芭拉·弗雷德里克森（Barbara Fredrickson）通过观察一系列成年人的健康和情绪

---

①　史蒂芬·普斯特. 向善即好：史蒂芬·普斯特博士谈科学证据 [R]（2011-12-21）.

②　史蒂芬·普斯特. 向善即好：史蒂芬·普斯特博士谈科学证据 [R]（2011-12-21）.

③　K. C. 贝里齐. 关于多巴胺在回报方面的作用的辩论：凸显激励性的案例 [J] // 精神药理学；第191卷第3号. 2007：391-431.

④　史蒂芬·普斯特. 利他主义、幸福和健康.

状况，对这两种类型的幸福感进行了研究。他们取了血样并做了一系列实验，来寻找与称之为"对逆境的保守转移反应（简称为CTRA）"相关的模式。在该反应强度高的情况下会产生与慢性压力、威胁或创伤类似的症状，这些症状与心血管疾病有关。科尔和弗雷德里克森发现，那些生活有目的、幸福程度高的人CTRA强度低，相应地免疫力也更好。相反，那些享乐式的幸福感强的人CRTA强度也高。因此，源于有生活目的的幸福感可以让人身体更健康[①]。即使小至细胞水平，为别人做好事要比为自己做好事更有益。

给予让你的时间更充足

你是不是认为你的时间总是不够用？给予就是一条获得更多时间的途径。

那些花费时间从事志愿者服务的人，感到自己有了更多的时间。凯西·莫吉内尔（Cassie Mogilner）和一起从事研究的佐伊·钱斯（Zoe Chance）及迈克尔·诺顿（Michael Norton）建议，用我们有限的时间做志愿服务事实上可以增加我们从容不迫的休闲感。在我们给予的时候，时间感的范围就扩大了。他们从4个系列实验中发现，在人们想缓解时间压力的时候，做志愿服务要胜过浪费时间看电视或为自己挪腾时间，甚至胜过获得意外的时间。

在一项218名大学生参加的实验当中，要求这些学生在两项任务中任选其一。一项任务是花5分钟的时间为别人付出，另一项是花5分钟时间

---

① 芭芭拉·弗雷德里克森，卡伦·格雷文，金佰利·科菲，等. 人类幸福感的功能基因组学视角［J］// 美国国家科学院学报；第110卷第33号. 2013：13684-89.

打发时间。为别人付出的时间包括花费5分钟给生病的小孩写一封鼓励信。实验后的调查显示，把时间花在为别人付出的人称自己感觉有了更多的时间。为别人付出提高了一个人的能力感和效率感，它反过来又让我们在大脑中有了时间的延伸感。花时间为别人付出的好处让人们在繁忙的日程当中情愿投入未来的奉献活动。

在另一项研究中，要求把为别人付出的时间花在帮助某个中学后进生完成作文作业上。在打发时间的一组，要求受试者把时间花在单调的、例行公事的任务上。例如，要求他们把一篇拉丁文中的"E"字母圈出来。对于获得意外时间的受试者，让他们选择提前15分钟离开实验室，把这些时间花在自己身上。结果显示，把时间花在帮助别人的受试者比把时间花在自己或打发时间的人身上觉得自己的时间更多。客观上讲，所有参与实验的人时间更少了，因为他们把时间花掉了。然而，从主观上讲，为别人付出的人觉得自己拥有了更多的时间。

之所以发现有这样的效果，是因为把时间花在别人身上会让人感到自己更高效、更有能力、更称职。在某一特定时间内发生的事情越多，就会感觉这段时间越长。这种非常高效地利用时间的感觉使得你好像有了很大的成就，从而感到自己在未来也会有很大的成就（这无疑可以解释为何跨国公司的首席执行官都会出现在大量的慈善董事会中）。

在另外的一项实验中，不仅让受试者估计自己感觉有多少时间，而且还给他们在未来时间里为别人付出的机会。和提前15分钟离开实验室的受试者相比，把时间花在帮助别人身上的受试者更愿意在将来付出更多。实验表明，把时间花在别人身上可以让一个人的时间制约感放松。①

---

① 凯西·莫吉内尔，佐伊·钱斯，迈克尔·诺顿. 为别人付出的时间会让你觉得更有时间 [J] // 心理科学；第23卷第10号. 2012：1233-38.

你快乐，所以我快乐

有时候，在你面临困难时，你最亲近的人可以给你提供支持和关爱，但他们给不了你理解。最能帮助别人解决问题的人是能为别人设身处地考虑的人。这也就是"把自己放在别人的位子上思考"的观点。

当一个人不管是戒除某种上瘾的习惯或者与某种侵蚀人的身体的疾病做斗争时，经常会联想到有过类似经历的人。在一项研究中，研究人员训练一些患多发性硬化症的人，让他们每个月花15分钟给其他患这种病的患者提供电话帮助。结果这些人感到更加自信、更有自尊、更加乐观。在一项类似的研究中，一些患慢性疼痛的病人在向有类似情况的人咨询之后，感觉到自己的疼痛症状和抑郁的情绪减弱。一项通过匿名戒酒协会（Alcoholics Anonymous）对酗酒者的研究发现，一年之后，那些帮助别人的人保持清醒的可能性增加了两倍，而且抑郁情绪也得到减弱。[①]专家们称其为"受伤者的良药"原则。帮助别人不仅对有需要的人获益良多，而且让提供帮助的人也获益不小。

或许这也是模特佩特拉·内姆科娃为什么参与给予行为的原因。海啸过后刚刚一年，身体和心灵上依旧在恢复中的她，设立了爱心基金会，旨在重建学校，重建自然灾害中年轻的受害者们的生活，把她的悲痛转化成有内心力量的救生筏，转化成新的生活热情和完全改变了的世界观。就像她在2013年一个冬天的上午告诉我的，通过为别人付出，"你不仅可以很快治愈心灵上的伤痛，而且还可以很快治愈身体上的伤痛。你可以影响许多人的生活，为其他人的生活带来快乐。事实上，其中也有自私的因素。当我们让别人快乐的时候，我们自己感觉会更快乐"。

---

① 史蒂芬·普斯特.利他主义、幸福和健康.

虽然身边没有功能磁共振成像设备来检测她的大脑活动情况，但内姆科娃就是一幅纯快乐的画——在她微笑的时候，皱着鼻子，皮肤发亮，眼睛闪烁。"当你决定以某种方式去帮助别人的时候，你自己会受益匪浅，因为你创造了难以置信的快乐。那些一点也不付出的人失去了真正意义上的快乐。"

第二章

发现目的时，幸福随之而来

> 许多人错误地理解了什么是真正的快乐。它不是来源于自我满足，而是来自对有价值的目的的执着追求。
>
> ——海伦·凯勒
> （Hellen Keller）

"停车！"阳光明媚的佛罗里达迈阿密海滨，4岁的乔舒亚·威廉姆斯（Joshua Williams）正坐在他妈妈开往教堂汽车的后座上喊道。乔舒亚的奶奶刚给了他一张20美元的钞票作礼物，他正忙着幻想把这笔钱花出去的所有不同方法。在此刻前往教堂的路上，他知道该如何做了。

街上有一个无家可归的人手里正举着一个写着"帮帮我"的牌子，小乔舒亚让妈妈停车，他要帮助那个人。"妈妈，这是我的钱，我想帮他。"乔舒亚说，并且立即将这张20美元的钞票递给了这个人。

就在这件事情刚刚过去一年之后，乔舒亚·威廉姆斯成为可能是世界上最小的基金会主席，掌管以他的名字命名的乔舒亚爱心基金会（Joshua's Heart Foundation）。为什么要用他的名字呢？"因为我觉得就像把自己的心投进了这项使命。"他说。5岁的时候，当我们最大的任务是爬树或者爬梯子、能够单足跳、自己扣衬衫纽扣和系鞋带的时候，乔舒亚已经带领志愿者团队给穷人分发食物。这并不总是很容易的事，特别是当他刚开始招募人员参与给受饿的人提供食物的时候。他首先向自己的姨妈求助。"但她什么也没做，所以我就把她给辞退了。"乔舒亚说。最后，他又向妈妈求助，但遗憾的是她太忙了，根本帮不了他。他天天劝他妈妈，最终在一个月之后取得了进展，他们开始一起给穷人们送食物和其他物品。就在这个时候，乔舒亚认为他应该开一个公司来给世界上受饿的人提供食物。他的一个姨妈迎接了这一挑战，给他们指明了建立非营利基金会的方向。不久之后，乔舒亚爱心基金会就诞生了。

在我见到现在已经12岁、工作经验已经很丰富的这位慈善神童时，首先让我引起注意的是他的头发：蓬松，光彩照人，成卷曲状的头发晃动着。发型让他显得有偶像范儿——让人想起阿尔伯特·爱因斯坦（Albert Einstein）的鬈发，埃尔维斯·普雷斯利（Elvis Presley）笔直向后梳的发型，甲壳虫乐队自由蓬乱的发型和其他让人一看就认出来的偶像范儿发式。在某种程度上他已经是这样的人物，至少在佛罗里达州是如此。在这个州内，他已经获得了40多项慈善工作方面的奖励。他的影响已经超越了佛罗里达州的范围：2010年，在国会议员尊敬的伊丽亚娜·罗丝－雷提南（Honorable Ileana Ros-Lehtinen）的要求下，为了对乔舒亚终止饥饿的使命表示敬意，有一面旗帜飘扬在美国首都的上空。他还获得了"总统志愿者服务奖"（President's Volunteer Service Award），他的肖像也上了白宫的网站，而和他一起上了该网站的变革勇士们的年龄至少是他的4倍。显然，他的这些经历给了他很大的自信。有一天下午，在他从迈阿密的兰塞姆湿地中学（Ransom Everglades School）回家不久之后我见到了他。在我花了5分钟的时间向他详细解释我的工作，并问他有没有什么问题的时候，他只是简单地耸了耸肩，回答道："没有。"

"我相信付出你的时间和金钱就是快乐，因为随着时间的推移，你会看到你在帮助谁，以及你带来的影响。这会给我带来快乐。在帮助别人的时候，我所做的一切都让我快乐。每一刻都让人鼓舞。因为在帮助别人的时候，会给你带来快乐。"他边笑边把头往后仰。"如果你感到孤独，那么现在你和许多人在一起，所以就不再孤单了；如果你感到沮丧，那么现在你会感到快乐，因为你在帮助别人，而且你知道自己在做正确的事。所以从技术上讲，帮助别人可以解决很多事情。"

他有一个雄心勃勃的扩张计划。"我希望我的基金会成为一个世界性的组织。我想帮助更多的人，让人们意识到，饥饿不仅是美国存在的问题，而且也是世界范围内存在的问题。在接下来的5年里，我把我的基金会看作全国性的基金会，然后在接下来的10～15年，我会把它看作是一个国际性的组织。我真的想帮助的两个地方是非洲和亚洲。

"基本来说，从我自己的渠道帮助别人时，我内心有一种很好的感觉。你知道自己在做正确的事——所以你很快乐！这很简单。"我问这项事业如何改变了他的生活，他说："我四岁半就开始帮助别人了，所以说不出真正有多大的变化，但我知道帮助别人会让我的生活变得更好。我可以不同的方式看待问题，我能获得更多的经验，能与人们谈论不同的主题，我更加关注周围的环境和世界上正在发生的事情。"

乔舒亚喜欢演讲，9岁时就第一次参加了全球会议。"我对年轻人和成年人都一样讲饥饿问题，讲对别人的影响和回报等。我没有想到在这么小的年龄就到处旅行，发表演讲。"他说。

有一次，一位记者问他，如果他要写书的话，书名会是什么。"《你的目的是什么？》（*What Is Your Purpose?*）"乔舒亚回答说。和他在一起，让我知道他为什么会把一个问题作为自己的书名。乔舒亚对自己生活的理由的执着让人们想要自己去发现生活的理由。在他给大家提建议的时候，虽然他的声音如婴孩般稚嫩，但却不失睿智："基本上说，只要一直做就行了。燃烧你的激情吧。"他棕色的大眼睛透过黑色的眼镜框凝视着我说："我相信每个人都有生活的目的，追求目的是他们自己的选择。如果选择去追求它，你将会获得巨大的成就。我生活的目的是帮助那些需要帮助的人。如果不这样做，我就没有目的。"然后他托词说要回去做家庭作业了。

> 乔舒亚的基金会有两个主要目标："消除世界饥饿"和"打破贫困的恶性循环"。该基金会在南佛罗里达州举办季度性的食品发放和健康烹饪示范活动，并每周分配食物，周末为挨饿的孩子提供装在背包中的食品。到目前为止，该基金会已经为需要者提供了45万磅的食物。

目的 ≠ 目标

2012年，盖洛普报告显示，美国人的幸福水平连续4年处在高位——书名中包含"幸福"（happiness）一词的畅销书的数量也是如此。盖洛普还报告说，将近60%的美国人今天都很快乐，没有太多的压力和担忧。但在当今这个人们声称快乐的现代化时代，世界各地的心理治疗师经常听到这样的抱怨："我的生活没有意义"、"我的目的是什么"等。这些话语表明缺乏或者在寻找生命的意义，而且在当今社会已变得非常突出。根据疾病控制中心的研究，每10个美国人当中大约有4个没有找到令人满意的生活目标。将近一半的美国人持中立态度或强烈想知道什么会使他们的生活有意义。

但什么是目的？社会心理学、认知神经科学、进化论和经济学等理论为目的不同方面的研究和描述提供了证据，还有其潜在的机制，以及找到（或者没有找到）目的的后果。

首先，重要的是不要把寻找幸福和是否找到你的目的混为一谈。幸福是你在日常生活中所经历的——生活中的高潮和低谷都视情况而定。它们是波动的。目的的意义更为深远。它会引导我们去回答这几个由来已久的问题：我是谁？我在这里做什么？我要到哪里去？这是一种基本的安全感和充实感，它超越了日常生活的起起伏伏，失望和成功，爱和损失。"当你按照自己的生活目标生活的时候，"英国利兹贝克特大学心理学高级讲师斯蒂夫·泰勒（Steve Taylor）说："你会查看上述的一切，将其作为人生道路上的一部分。这样做不会让你偏离大的方向和你的理想，就像一块磁铁不断把你朝它的方向吸引一样。"[1]

目的也不是"目标"的代名词。目标更加精确，它关注一个特定的结果。目的更加广泛：它是"一个中心的、自我组织的生活的目的，它规划和刺激目标，管理行为，给生活赋予意义。"科学家帕特里克·麦克奈特（Patrick E. McKnight）和托德·卡什丹（Todd B. Kashdan）这么说。[2]目的指引生活目标，激发日常决策，提供生活方向，就像罗盘指引航海者一样。不过跟不跟着这个罗盘走，是你自己的事。

我们如何才能识别自己的目的呢？不管生活的目的会把你推向多远，每一个人都感到确定某种目的的推动。我们大多数人都至少有一点自己特有的生活目的的意识。它时常像一种有倾向的力量拉着我们前行。有时候它就刚好在我们的眼前，但我们却不让自己看见，就像我们努力寻找自己丢失的钥匙，结果发现一直就放在自己的眼前一样。但当我们欣然接受它的时候，感觉会非常自然。就像年幼的乔舒亚·威廉姆斯所说："通向你的目的的道路或许艰难坎坷，也或许容易顺畅。尽我所能去帮助他人，知道自己能够帮助有需要的人，看到接受我帮助的人脸上的笑容让我感到无比幸福。"

---

① 斯蒂夫·泰勒. 目的的力量 [N]. 今日心理学，2013-07-21.
② 帕特里克·麦克奈特，托德·卡什丹. 创造和维持健康的生命目的系统：一个综合的、可检验的理论 [J] // 普通心理学评论；第13卷第3号. 2009：242-51.

有了目的，内心更平和、更有力量

> 我相信我们所有的人都是为了某个目的而来到这个星球，我们都有不同的目的……当你充满爱和热情，一切都会展现在你的眼前。
>
> ——艾伦·德杰尼勒斯
> （Ellen DeGeneres）

"正是对幸福的追求，"奥地利神经学家和心理学家维克托·弗兰克尔（Viktor Frankl）说："让幸福感受挫。"其他科学家也认为，具有讽刺意义的是对幸福的执着追求（与之相对的是对意义的探索和接受超过自我的责任）反而让人们更不幸福，所以要提防这种方法。然而，按照自己的目的生活，会提供持久的意义与快乐。科学家们认为，参与到与自己目的相一致的活动会提高人的兴致。通过在这一领域的大量研究，结果是很明显的，那就是生活的意义有助于更幸福的生活。宾夕法尼亚大学积极心理学中心主任马丁·塞利格曼（Martin Seligman）博士（他的研究主要关注如何使人们感到快乐和满足）认为幸福有3个可以培养的维度：愉快的生活、美好的生活和有意义的生活。当我们的生活充满感官享受的乐趣时，比如可口的食物、满意的性生活和美好的事物，我们就可以实现愉快的生活。研究发现，追求快乐对持久的满足几乎没有任何贡献。通过发现我们的各种个性优势，并利用它们来获得满足时，我们就可以实现美好的生活。有意义的生活则超越了这一步。当我们利用自己独特的优势，服务于超过我们自己的事情时，我们就拥有了有意义的生活。"拥有这3种生活就会让你的人生完美。"塞利格曼说。他的理论调和了两种相互冲突的幸福观：个人主义幸福观和利他主义幸福观。前者强调我们应该照顾好自己并培养自己的优势；后者强调付出牺牲来实现更大的目的——而不只寻找美好的感觉，追求更好的生活。

对于像乔舒亚·威廉姆斯这样的人，获得幸福不是生活的目标。相反，当他们发现自己的目的时，幸福自然就来了。

其他美好的事情也是如此。这不是深奥的新时代的自助书籍，讲的内容既难懂又形而上学。如今，大量的实证证据和专家意见表明，有人生的目的和意义对人的身心健康和幸福都至关重要。高层次的人生意义预示着心理痛苦水平低、幸福感和自尊意识强，而且人生意义和心理健康之间的关系是很牢固的。[①]例如，科学家谢莉尔·齐卡（Sheryl Zika）和克里·张伯伦（Kerry Chamberlain）发现，人生的意义最能预示到大学生的心理健康情况。事实上，它与心理上的幸福感之间的积极关系几乎在人生的每个阶段都得到了证明，从青春期到晚年都是如此。[②]人们发现，在

---

① D. L. 德巴. 生命意义：临床意义与预测能力［J］// 英国临床心理学杂志；第35卷. 1996：503-16.

谢莉尔·齐卡，克里·张伯伦. 论生命意义与心理幸福感的关系［J］// 英国临床心理学杂志；第83卷第1号. 1992：133-45.

安·伊丽莎白·奥哈根. 论生命意义心理学［J］// 瑞士心理学杂志；第59卷第1号，2000：34-48.

维克托·弗兰克尔. 人类对意义的探索［M］. 纽约：华盛顿广场出版社，1959/1985.

A. A. 萨平顿，J. 布莱恩特，C. 奥登. 弗兰克尔的人生意义理论实验调查研究［J］// 意义治疗学国际论坛；第13卷，1990：125-30.

加里·雷克，爱德华·皮科克，保罗·黄. 生命与幸福的意义和目的：寿命视角研究［J］// 老年学杂志；第42卷第1号，1987：44-49.

卡罗尔·里夫. 庞塞德莱昂和生活满意度的超越：成功老龄化探索的新方向［J］// 国际行为发展期刊；第12卷第1号，1989：35-55.

齐卡，张伯伦. 困难的事情和人格的关系对主观幸福感的影响［J］// 人格与社会心理学杂志；第53卷第1号. 1987：155-62.

② 雷克，皮科克，黄. 意义与目的.

齐卡，张伯伦. 生命的意义与心理幸福. 虽然承认在证明因果关系相关研究中的局限性，1992年齐卡和张伯伦说"理论认为意义对幸福感有广泛和普遍的影响"。

民间关于"美好生活"①的概念里，生命的意义是必不可少的一部分。研究还表明，有生活的目的和意义可以从总体上增加生活满意度，提高适应能力和自尊，并减少抑郁的概率。和缺乏生活意义的人相比，人们的生活越有意义，情感就越稳定②，表现出神经质、焦虑和抑郁的情况就越少。

另外，有生活目的的人行为更加始终如一。即使在不断变化的环境条件下，他们的目的也会成为克服障碍、寻找其他解决办法和专注于自己目标的动力。生活有意义、有明确的目标的人即使感到失望的时候，也要比没有明确生活目的的人对生活的满意度高。

"有了目的感，你就不会在早上起床的时候问自己将要干什么这个问题。当你'有目的'的时候——也就是投入并为了实现目的而奋斗的时候——你的生活就会变得容易，不再复杂和有压力感。你就像一支飞向靶子的箭一样，专注于一个方向，而且你的内心在某种程度上感到坚强，很少有空间让负面的东西渗入。"斯蒂夫·泰勒说道。③意识到自己生活目的的人无论做什么事请，都会体现出一种平静的内心力量、鼓舞、动力和成功意识。有目的的活动往往需要发挥性格优势，如勇气和正义，其结果会遇到其他人或建立规范的挑战。与目的一致的生活在遇到精神、身体和情感上的挑战活动时增强人们的耐力。这一点放在维克托·弗兰克尔（Viktor Frankl）的生活当中再恰当不过了。

---

① 劳拉·金，克里斯蒂·纳帕. 是什么让生活变得美好？［J］// 人格与社会心理学杂志；第75卷第1号. 1998：156-65.
　克里斯蒂·斯科隆，劳拉·金. 美好的生活是容易的生活吗？［J］// 社会指标研究；第68卷第2号. 2004：127-62.
② R. R. 哈泽尔. 生命测试的目的综述［J］// 意义治疗学国际论坛；第11卷. 1988：89-101.
③ 泰勒. 目的的力量.

即使在最让人绝望的环境当中，也要寻找生活的意义

1930年，维也纳一个名叫维克托·弗兰克尔的奥地利年轻高中辅导员发现，至少有1/5的学生寻求心理咨询时表现出"对生命的长期厌倦和抱有自杀的念头"。①而且在发放报告卡的前后，实际自杀率呈大幅上升的趋势。在同一年，他组织了第一次专项活动，为学生提供咨询，特别关注学年结束的关键时期。这一活动取得了很大的成功。1931年，维也纳在许多年来第一次没有学生自杀事件的记录。

维克托·弗兰克尔1905生于维也纳，父母是勤劳的中产阶级犹太人。他的父亲是社会事务部的主任，母亲是一位家庭主妇。在他还是一个孩子的时候，维克托·弗兰克尔就表现出了对人和动机的兴趣。上高中的时候，他开始学习心理学，并与西格蒙德·弗洛伊德（Sigmund Freud）保持信件联系。在自杀预防项目获得成功之后，虽然他年纪不大，但地位上升很快。他成了一名神经精神科医生，并创造了"logotherapy（意义治疗）"这一术语，他也因为这一新的心理学流派而闻名于世。意义治疗的核心思想是人受建立其生命的意义的意志力的驱动。1937年，他开设了精神病学和神经学方面的私人诊所。

然而，在接下来的一年弗兰克尔的生活发生了巨大的变化。希特勒和他的军队入侵奥地利，弗兰克尔被迫关闭了自己的诊所。纳粹分子吊销了他的医疗执照，只允许他在父母家的外面对犹太病人进行治疗。他设法拿到了签证，这样就可以移民到美国。但他不愿意离开年迈的父母，所以签证后来过期了。他的这一决定使得他和许多同胞一样，将会被驱逐到纳粹的死亡集中营。

---

① 维克托·弗兰克尔.青少年公益百科手册［J］.1930.

1942年，弗兰克尔连同他的新婚妻子、父母和兄弟被捕入狱。他在包括奥斯威辛在内的集中营里度过了3年，除了移民澳大利亚的妹妹之外，他失去了所有的家人，还失去了他多年来一直耕耘的手稿。

没有目的的代价

从奥斯威辛释放之后，弗兰克尔出版了他影响深远的作品《活出生命的意义》（*Man's Search for Meaning*）。该作品在全球的销量达到了数百万册，而且被列入所有时代中最有影响的书籍之一。在大屠杀之后，弗兰克尔回到维也纳，重新开始了自己的生活。

作为一名集中营中的囚犯，弗兰克尔从精神病学家的客观角度来观察其他人的生活。集中营成为弗兰克尔的理论试验场，来验证是什么不仅让人们生存下来，而且即使在最绝望的环境中也能找到生命的意义。他发现，能够在最痛苦和非人性的环境中最有可能幸存下来的人，并非是因为他们的身体强壮，而是因为他们有一个目标或目的。"生活从来都不是因为环境而变得难以忍受，而是缺少生活的意义和目的，"弗兰克尔说，"作为人，总是指向或者对准某件事或某个人，不管是要实现的意义还是要遇到的另一个人，而不是他自己。一个人越是忘记自己——把自己投身于一项服务的事业或某个要去关爱的人——他就变得越有人性。"[1]

弗兰克尔在集中营的囚犯经历让他知道，就像弗洛伊德所说的，对人最有激励和驱动力量的不是快乐感，而是意义。这是弗兰克尔在他的临床心理学领域所做的代表性的贡献的前提。临床心理学旨在帮助人们克服抑郁，并通过找到自己人生的独特意义而实现幸福。他强调，生命的意义对

---

① 弗兰克尔. 人类对意义的探索［M］.

每一个人都是独特的，并指出"意义必须是发现的，而不是别人告诉你的"。人们可以通过以下3种方式之一获得生命的意义：通过投入某件事情，通过与他人的关系，或者通过遇到人生不可避免的遭遇时的态度——也就是说，即使在痛苦当中，也能寻找到意义。弗兰克尔说："我们生活在集中营里的人，能记得那些到各间木屋安慰别人、并把自己的最后一块面包给了他人的人。"

当人们在极端情况下发现人生的意义时，具有讽刺意味的是，即使他们过着舒适的生活，工作或人际关系都很稳定，也会感到空虚和没有成就感。尽管从传统意义上说生活很成功，但他们还是把自己的感受描述为在某种程度上"偏离轨道"或"有错位感"。虽然他们对自己的目的有明确的倾向，但却不去追求自己的目的或因没有实现它而感到失望。他们的生活充满了孤独和绝望，他们变得容易厌倦、焦虑和抑郁。那些具有成瘾人格的人很容易会滥用药物。他们不知道是否选择了错误的职业、错误的人生伴侣，或最终选择了错误的道路。因为他们内心真正的自我知道，自己并没有按照生活目的去生活，他们有一种慢性的、挥之不去的不满，内心也没有平静感。

弗兰克尔创造了"星期日神经官能症"这个词语，来指一个人在干完一周的工作之后意识到自己的人生是多么的空虚和无意义时的一种沮丧感。这种真空感可能导致种种过激的行为，如神经质焦虑、逃避、暴饮暴食、过度工作或消费。在短期内，这些过激行为可以弥补空虚感，但长此以往，就会对采取行动起到阻碍的作用，影响对人生意义的发现。在弗兰克尔看来，一个人的现状和其期望值之间的差距过大时，就会产生抑郁。抑郁指一个人通过一种方式告诉自己，某件事情是完全错误的，需要加以解决和改变。除非实现这一点，否则他的生活经验和期望经验之间的不协调将会持续下去，同时持续下去的还有日常生活的无意义状态和内心寻找意义的驱动之间的不协调。

其他许多科学家认为，缺乏生活的意义预示着会产生抑郁和没有投入意识[1]、物质滥用和成瘾[2]，以及患上抑郁症、感觉空虚和产生自杀行为等[3]。那些照顾自己患病、残疾或年老的亲人的人，可能会找到他们付出的劳动的意义，或者在他们的健康和幸福之间找到平衡。那些把这样的付出看作是自己生活目的的一部分的人会找到快乐，而那些动机是出于义务，强迫或内疚的人则不会有这样的感受[4]。

来自俄罗斯的爱

> 人生唯一的意义就是为人类服务。
> ——列夫·托尔斯泰
> （Leo Tolstoy）

寒冷的冬天，俄罗斯工业城市下诺夫哥罗德严寒刺骨，暴露在外的头发几分钟之内就会覆上一层霜。这座位于俄罗斯腹地、通常被认为犯罪分子温床的城市，绝不是让一个让年

---

[1] G. T. 雷克，P. T. P. 黄. 老化作为一个个体的过程：个人意义的理论［M］// 新兴老龄化理论. J. E 比伦，V. L. 本斯顿，编辑. 纽约：施普林格出版社，1988：214-46.

P. T. P. 黄. 有意义的生活与个人意义形象发展的内隐理论［J］// 人类对意义的探索：心理学研究与临床应用手册. P. T. P. 黄，P. S. 弗赖伊，编辑. 新泽西州莫瓦市：劳伦斯厄本姆出版社，1998：111-40.

[2] 杰姆斯·克伦博. 弗兰克尔意义治疗：一个心理咨询的新的方向［J］// 宗教与健康杂志；第10卷第4号. 1971：373-86.

A. 马什，L. 史密斯，J. 皮克，等. 生活规模的目的：社交饮酒者和酒精治疗中的心理测量学特性［J］// 教育与心理测量；第63卷第5号. 2003：859-71.

J. 尼克尔森，A. 布兰奇. 严重精神疾病患者的养育角色康复［J］// 心理社会康复；第18卷. 1994：109-19.

[3] 约瑟夫·里奇曼. 防止老年人自杀：克服个人绝望、职业忽视和社会偏见［M］. 纽约：施普林格出版社，1993.

G. 拉肯保尔，F. 严兹丹尼，G. 拉瓦利亚. 老年自杀：疾病或意志的自主决定［A］// 老年学和老年医学档案；第44卷第1号. 2007：355-58.

[4] 麦克奈特，卡什丹. 人生的意义.

仅11岁的女孩一天在户外待上12小时的地方。然而，娜塔莉亚·沃佳诺娃（Natalia Vodianova）的第一份工作就在这里：在恶劣的天气下，我们绝大多数人都不会离开这屋子，而她却在这里卖水果。"回家后，随着冻僵的手指和脚趾逐渐回暖，我会痛得尖叫。"娜塔莉亚说。几乎没有足够的时间休息和恢复身体的她，第二天又会出去卖苹果。

在她还没有太多记忆的时候，娜塔莉亚人生的第一个角色就已经定了下来。还在她蹒跚学步的时候，父亲就加入了俄罗斯军队，消失得无影无踪。6岁时，娜塔莉亚被留下来照料她同母异父的妹妹奥克萨娜（Oksana）。奥克萨娜患有脑瘫和严重的自闭症。娜塔莉亚说她的母亲拉丽莎（Larisa）"一天工作将近24小时"，但是，她在娜塔莉亚的学校洗地板、在一家汽车厂上夜班和在街上卖水果3份工作都难以养活全家。娜塔莉亚的年纪勉强能够照顾小孩，工作量不算大，但等她到学校的时候已经是精疲力竭，以致在课堂上经常思想难以集中，还常常错过上学的时间。"我记得有一次在街上发现1卢布的情景——当时人们的平均工资大概是一个月25卢布。"娜塔莉亚说。她手中的小硬币仅值今天的0.03美元。然而对于娜塔莉亚来说，这一发现价值非凡。"我抓住它的时候有一种兴高采烈的感觉，我拿着它跑回到母亲的身边，她允许我可以去商店买食物。能够为家人做点什么，是一种奇妙的感觉。"

"我认为，有一天，一切都会好的。"娜塔莉亚说。15岁的时候，她已经有了5年销售水果的经历，情况也稍微有了好转。娜塔莉亚的水果摊生意做得很好，她热爱自己的朋友圈，也喜欢与异性交往。她也开始注意到有人在关注她。"真的在关注我。"她说。她开始和一个在当地上模特学校的男孩交往。很快这个男孩就说服她，让她自己也试一试。因为付不起入场费，她的男朋友就替她付了。他还极力反对她拔掉她自然厚实的眉毛——当时其他所有的女孩子都已经拔掉了浓密的眉毛，忘记了它的存在。以执着的性格和浓浓的眉毛作武器，她很快就在当地演出会上参加了模特表演，得到的50美元的报酬比她卖一个月水果赚得还要多。

她新发现的模特事业像一架救援直升机一样从贫困中救出了她。不出两年，她就生活在了巴黎，并在非常短的时间之内成了模特行业大家最为熟知的面孔之一。到了2014年，这位以前卖水果的女孩，如今排在福布斯模特富豪榜的第三位，每年收入大约860万美元，与娇兰（Guerlain）、卡尔文·克莱恩（Calvin Klein）和许多其他的时尚和美容巨头一起参加各种活动。娜塔莉亚的地位在时尚世界成了一种标志，她也步入了崔姬（Twiggy）、伊曼（Iman）、内奥米（Naomi）、克里斯蒂（Christy）、吉赛尔（Gisele）这些超模之列。

甚至在她20岁之前，娜塔莉亚就已经成为社会成功人士的标志：有一个备受瞩目的模特职业，生活在世界上最理想的城市之一，有了婚姻的归宿（嫁给了前夫贾斯廷·波特曼），因为有了第一个孩子卢卡斯（Lucas）而身为人母。在街上捡钱、吃了上顿没下顿的日子已经一去不返了。但在她的内心，娜塔莉亚渴望更多的东西。她的家乡可能离她有3200多千米远，可在她心里却从来没有远过。

"我有一个可爱的丈夫，一个漂亮的男孩，虽然我很年轻，但我却没有发现生活的意义。"娜塔莉亚舒适地坐在她巴黎的家里这么对我说。我从她的脸上寻找动荡的岁月留下的印记，但什么也没有发现。她没有化妆的脸上显得格外天真，使她看起来远不像31岁。她停顿了几秒钟后接着说："我感觉自己不再有属于自己的身份。"

她的身份和严酷的现实捆绑在了一起——它几乎一夜之间变得面目全非。曾经，她艰辛劳作地度过每一天的日子。突然，她被马克·雅可布（Marc Jacobs）和斯特拉·麦卡特尼（Stella McCartney）这样的人物相中，坐着飞机到了纽约，每天路过报摊的时候都能够看到自己出现在《时尚》（*Vogue*）杂志的封面上。生活180度的大转弯让娜塔莉亚感到"迷茫和有点沮丧，"她说："尽管我非常喜欢这样的生活，但我总觉得应该做点其他的事情。"

"我为什么会在这里？"她记得自己曾问过这个人生的重大问题。"这是一个很难的问题。我想尽力找到我存在的理由，找到我占有这个美好的星球上这片空间和这些资源的理由，找到我为什么会在这里的理由。我相信，你会在你每一天的生活和行动当中发现这个问题的答案。"她又问道："为什么我会拥有这些礼物呢？"

2004年别斯兰学校人质事件之后，她找到了答案。时至今日，这次悲剧在学校留下的弹孔依然可见。这次事件带走了186个孩子的生命，给娜塔莉亚家乡的数百人留下了很深的创伤。在参观别斯兰事件现场期间，她调查了为期3天的事件造成的损失。"不幸的是，美好的东西并不总是出现在美好的地方。"她说。因为特别想做点什么，娜塔莉亚决心想通过"玩耍这种让孩子们能够重新感受到正常生活的最有疗效的方式"把幸存儿童的童年找回来。回忆起自己的童年，她错过了最简单的东西，如自由地到处乱跑，她还记得"找不到地方"带她妹妹去休息、去做一个正常的孩子。"在童年时代，我们建立了自己的身份，表现出了我们是谁。这不是你可以随便扔掉或忘记的；这是你的一部分。"她说。

在别斯兰人质事件的那一个月之内，娜塔莉亚筹集了35万美元，成立了她的赤子之心基金会（Naked Heart Foundation）。许多慈善家要比娜塔莉亚大几十岁，大都认为自己有责任在自己职业生涯的后期回报社会。而娜塔莉亚才22岁，刚刚在她认为变幻莫测的领域内品尝到了成功的甜头，也就在这个时候，她把经历投注到了慈善事业。这样做的时候，她发现了自己生活的更大的目的：一个让她在竞争激烈的模特界青云直上的动态基础。

现在，她将时间和精力投入到把快乐带回给孩子们的事业当中。在过去的9年中，赤子之心基金会在俄罗斯建立了许多游乐场。第101个游乐场于2013年建在了娜塔莉亚的家乡。她的付出影响了成千上万人的生活，但也让她得到了回报。

"我是一个有着两面性的女人；我既坚强又脆弱；我是个幸存者；这就是我的身份，"娜塔莉亚说，"我曾为了自己的生存和家人而奋斗。我们都有自己的生活目标，我非常强烈地意识到，我有一个更大的目的，它超过了对家人和朋友的给予。今天，我为了成千上万的人而奋斗，这给了你一个非常不同的生活目标，一个更大的目标。我发现了，而且彻底发现了无尽的爱。"

过了一会儿，娜塔莉亚致歉道："对不起：应该是非常、非常深的爱。"

"我生命中最激动、最兴奋的旅程"

> 我们在生活中必须有一个主题，一个目标，一个目的。如果你不知道自己的目的，你就没有目标。我的目标就是通过我的方式生活，在我离开这个世界的时候，有人可以说，她是一个有爱心的人。
>
> ——玫琳·凯·艾施
> （Mary Kay Ash）

在把自己的时间、才华，或整个生命奉献给某项事业的过程中，各个年龄段、各行各业的人——从阳光明媚的迈阿密海滩到严寒的下诺夫哥罗德——都在寻找终极问题的答案。这个问题就是：我的目的是什么？在我乘电梯到金像奖影后戈尔迪·霍恩（Goldie Hawn）曼哈顿的顶层豪华公寓时，听到另一个故事，验证了这个道理。

在通往她家公寓的电梯上，站在我旁边的戈尔迪·霍恩突然闭上眼睛，深吸了一口气，问道："那是什么？这里有样东西，闻起来很好！"

当时是一月份，刮着风。大约下午四点过四分的时候，戈尔迪通过旋转门进入她家公寓的大厅。我还没有整理好头发，也没来得及在鼻子上涂点粉（因为天冷，鼻子都冻得发红），她径直朝我走来，为她晚了3分钟而表示歉意。虽然我明明知道期待见到的人是谁，但是看到这位好莱坞久负盛名的明星戴着超大的太阳镜、毛茸茸的大兜帽遮住了半个脸，并且披着她有名的金发时，我还是感到很惊讶。我递给她一束多头月季和尤加利，感谢她和我见面。

"是花。"我当时说道。她凝视着那束花，但却不太相信。她嗅着电梯里的空气，像猎犬一样抽着鼻子，然后屈身靠近我。"是你！你闻起来太香了！"原来我身上喷的香水和她几年前用过的一样。从一个曾经教人们每天使用茉莉和薰衣草精油、让香味浸入心脾的人那里听到这样的话，让我备受恭维。

"给别人快乐带给我的幸福感是我毕生的体会。"当我们俩在她家客厅低低的沙发上面对面而坐的时候，她说道。此前，我们受到了两个让她开心的男子的迎接，其中一个是和她一起30年的伴侣库尔特·罗素（Kurt Russell），另一个是在她走廊里成肖像状的印度贵族迈索尔（Mysore）王公。她的公寓显现出了她对所有的人、所有的地方和人们精神上的吸引力。虽然中央公园和哈德森河的壮丽景色给了它某种威严的外表，但这个地方还是有利于建立亲密的关系。我的正对面是一尊坐在莲台上的佛像，还有一个中国式的榻床，床头是盖着印度丝绸的巨大枕头。听着戈尔迪舒缓的声音，我觉得自己像是在进行养心之旅。

"我小时候是一个非常富有同情心和善解人意的孩子。我能感受到其他人的快乐和痛苦。我去了一所学校，那里有受残疾和脑瘫折磨的学生，我记得对他们深表同情。我和他们做朋友。这么做让我感觉很好。我不想让他们感到那么孤独。"

同情心从她年轻长大成人的时候就一直伴随着她。"二十多岁的时候，每当开敞篷车我都会戴一顶帽子。这顶帽子会摆来摆去，所以看上去很滑稽。我戴着它，因为我想从后视镜里看到我身后的人笑我，"她笑容可掬地说，"他们不知道戴帽子的人是谁，但是我喜欢让别人感觉更好的一面。"她说即使在表演的时候，通过上天赋予她的天赋让人们笑起来，感觉更好。"我只是觉得自己刚好身处能让别人快乐的地方。"她说。

五十多岁的时候，戈尔迪的富有同情心和替别人着想的天性让她发现了更大的使命。注意到孩子们当中压力、暴力和抑郁的急剧上升，以及考虑到"孩子们并不快乐这一难以置信的现实"，她开始倡导年轻人社会和情感学习的重要性，这样霍恩基金会（Hawn Foundation）就诞生了。"我担心我们年轻人的幸福。我们生活在充满压力的时代，我们的孩子正遭受诸如攻击和欺凌、抑郁和注意力缺陷等可怕的症状。我希望孩子们能获得更好的技能来处理他们的情绪和压力，这样他们才能学得更好，生活得更快乐。所以我建立基金会，让孩子们得到这些技能，获得人生的方向。"

霍恩基金会给从幼儿园到7年级的孩子教增强意识的技能。英属哥伦比亚大学的一项研究表明，参加该计划的儿童在乐观和积极情绪方面提升显著，攻击意识降低。除了设立自己的基金会，戈尔迪还撰写了一本冥想手册，即纽约时报畅销书《正念10分钟》（*10 Mindful Minutes*），这本书旨在希望家长和老师们能鼓励孩子掌握练习瑜伽和冥想的基本知识。

"这让我很开心。我觉得我在贡献，我在学习。"戈尔迪20世纪60年代开始了她的演艺生涯，现在已经成为最重要和最受喜爱的电影明星之一，她的名字也和永远微笑的金发女郎联系在一起。"我已经逐渐超越了演艺圈的世界。今天我主要打交道的不再是演艺圈的人——我已经和他们打了35～40年的交道了。我现在主要交往的是神经科学家和教育工作者，他们是我遇到的回报社会的人。那些赚了数百万、数亿美元的富有的人，都在关注如何能够帮助世界，让它变得更加美好。这让我很开心，因为你遇到了志同道合的人，他们想和其他志同道合的人建立起联系，而且回报世界是多么的重要。"这也让她结束了为期9年的治疗。早年在好莱坞成功之后，为了应对恐慌的困扰，她曾患上了抑郁和焦虑症。此后她被称为"幸福的完美榜样"和"生活中最知足的人"（难怪她是微笑行动有力支持者。这一行动为欠发达国家的年轻人提供整形手术）。"我通常被认为是一个快乐的人，但几年前我还在遭受恐慌和焦虑的痛苦。我已经学会如何处理恐惧和痛苦这样的问题了。"她说。

我问戈尔迪她的慈善工作是否会让她感到满足，她回答说："为在校学生创建我的振作精神（MindUP）计划是我做过的最具挑战性的事情之一。我的梦想是帮助孩子们调节情绪、消除欺凌，让他们过上更快乐、更健康的生活。毫无疑问，它需要大量的工作、坚忍不拔的精神和对孩子们的爱。不过，经过12年的努力和对50多万儿童生活的改变，让我感到这绝对是我人生中最令人激动和兴奋的事情。"

"从慈善工作中得到的快乐与从你的职业生涯中得到的快乐有什么不同呢？"我问。

"太不相同了。一个是以自我为中心的，通过这种方式，我们身上会发生很多的快乐的事情。你知道，你可以得到足够的钱买一幢新房子；你可以买新鞋子。这些都是转瞬即逝的幸福，不会持续，就像水面上的涟漪，来了又去。只要你的钱在那里，你就会高兴，这没有问题。但是，当你真正努力去做一件不同凡响的事情的时候，你会得到更深层次的满足感，因为它不是为你自己而做的。它比你个人的事更有意义，而且在这个过程中你遇到的人会是你的灵魂伴侣。他们使你的意志更坚定。他们激励你，让你快乐。当你参与进来的时候，你意识到自己将会吸引那些与你有着同样想法的人。与他们的交往也会带给你长久的快乐。"

"你看，得奖是美妙的，"她继续说道，"但我倒希望那些东西能帮助我们找到一个回报他人的地方。"

戈尔迪相信，那些寻求幸福的人通过给予就会实现愿望。"这一点已经过了一次又一次的探索。它能真正把人们从黑暗带向光明。这是我们生活当中需要继续实践的重要方面——你如何回报他人，如何思考人性，如何考虑自己的价值。你可以去帮助别人；你有自己在这个世界上的使命。这样做有助于人们生活得更加幸福。回报带给你的好处不亚于接受你帮助的人，因为给予行为让你有了人生的目的。当你的生活有目的驱动时，你就会成为一个更快乐的人。你有使命在身。你也很有活力。"

最后，她已经找不到词来形容她所获得的幸福和满足感。"这很难向人们解释清楚。你可以说，'哦，回报是如此的奇妙'。但其意义不仅如此。"

> 戈尔迪·霍恩是奥斯卡奖得主、制片人、导演、畅销书作者和孩子们的支持者。霍恩基金会旨在为孩子们提供获得成功和体验真正幸福的技能。霍恩基金会顶尖的神经科学家、教育工作者和研究人员一道开发出了实证性的振作精神计划（MindUP program），该计划集社会、情感和加强自我调节的技巧和策略为一体，来培养幸福感、情感的平衡和适应能力。

通向目的之路

那么，你如何才能找到这个目的？

- 有时它在童年时代显而易见，年长之后在生活体验当中又得到确认。

"从我童年有记忆开始，我就清楚地知道我活着的理由就是帮助别人。"亿万富翁、实业家乔恩·亨茨曼（Jon Huntsman）说。根据《慈善纪事报》（*The Chronicle of Philanthropy*）记载，亨茨曼家族给慈善事业或慈善基金会的捐助已达12亿美元。后来的经历证实了他的童年时的想法："当亲爱的母亲在我怀里咽下最后一口气的时候，死于癌症的她再也不能与病魔斗争了，于是我意识到我们的人道主义的焦点必须投向癌症。我清晰地看到，亨茨曼家族的财富可以用来治愈癌症，我在这个世界上的目的就是为这项研究提供帮助，最终揭开它的神秘面纱。"

• 有时候，通往目的的路径受到始料未及的、随机的事件的促发——例如你收到了一棵卷心菜。这是南卡罗来纳州萨默维尔的凯蒂·史坦利亚诺（Katie Stagliano）所发现的。凯蒂是凯蒂蔬菜园（Katie Krops）的创始人。该农场是非营利性机构，其使命是开发和种植各种规模的蔬菜园，把收获的蔬菜捐赠给需要帮助的人，同时协助和激励其他的人做同样的事情。凯蒂蔬菜园的想法产生于2008年，当时还在上3年级的凯蒂带回家一棵小卷心菜的幼苗，在她的照料下一直长到惊人的40磅。在她眼里这是一棵特别的卷心菜，于是把它捐给了一家当地的做汤的厨房，在那里她的卷心菜供给了275位客人食用。从那天开始，凯蒂决定建一个菜园，把收获的蔬菜捐给需要的人。她从零做起，在5年之内设法建成了一个可持续的解决方案。她把上千磅的健康食品捐给了需要的人，在美国22个州有了50多个凯蒂蔬菜园。凯蒂成为接受克林顿全球公民民间领袖奖（the Clinton Global Citizen Award for Leadership in Civil Society）的最年轻得主。"我认为我的人生目标就是努力消除饥饿，激励人们，不管年龄有多大，都要跟随自己的心。"凯蒂说。"我相信，任何事情的发生都是有原因的。虽然我们一时可能不知道原因，但我们有一个更高的目的。当我收获到自己的卷心菜时，我不知道真正的原因。我得到卷心菜幼苗的真正原因是，让我在只有9岁的时候就学到，每开一个菜园就能减少一些人忍饥受饿。"

　　有时候，你是在有意识的情况下发现你的目的的。俗话说得好："通过寻求，你就会发现。"想一想，在别人描述你的时候，你希望他们会怎么样形容你，或者你希望在你的讣告中会写些什么。你想留下什么遗产？人过留名。你希望自己留下的是什么？你想为别人做些什么？不仅仅只为自己服务的想法往往是人们发现目的的常见线索。一旦你有了想法，花点时间写下你自己的特有的目的。这个不必是完美的，只是把它写下来。你可以慢慢打磨它。把东西记下来这一简单的行为，可以大大增加把你的话付诸行动的机会。

第三章
从事业到乐趣

我们因获取而生存，因给予而生活。

——温斯顿·丘吉尔
（Winston Churchill）

2010年4月20日闷热的上午，当船员们在离路易斯安那海岸43千米远的墨西哥湾马孔多油田打钻井的时候，深水石油钻井平台起火爆炸，导致11名工人丧生。由此产生的火灾无法扑灭。两天之后，石油钻井平台沉没，留下海床上的油井继续喷油，造成美国历史上最大的环境灾难。在周围的海滩上，出现了灾难的迹象。人们发现许多濒临灭绝的海龟等动物死掉了。由于爆炸造成了近500万桶原油泄漏入海，风化的石油漂浮在海洋表面，一直延伸到亚拉巴马、路易斯安那、密西西比和佛罗里达州狭长地带的入海口，最后冲到了岸上。

灾情发生后不到一个月，当时30岁的环保人士菲利普·库斯托（Philippe Cousteau）——一位黝黑、体格健壮、喜欢冲浪运动、金发碧眼的社会企业家，被称为"环保英雄"，他完全可以凭借自己的长相轻而易举地生活，可他却潜入被污染的墨西哥湾，调查石油泄漏对海生物的损坏程度。这位一直都想当消防员的菲利普，被他的发现惊呆了：大滴大滴的石油和化学物质、橙色的颗粒物漂浮在水面以下8米深的地方，威胁着海湾地区脆弱的生态环境。这次潜水让他看到了水下美国历史上最糟糕的石油泄漏事件，也是他一生中最可怕的经历之一："这是一场噩梦，简直是一场噩梦。"

改变世界是菲利普的梦想。事实上，有些日子似乎就像他幻想中的少年英雄印第安纳·琼斯的历险记。在他努力让世界变得更好的探险过程中，他去了鲨鱼出没的澳大利亚水域，巴布亚新几内亚高地，战火纷飞的萨拉热窝、波斯尼亚，在这些地方提供人道主义援助。菲利普的网站philippecousteau.com首页，是他富有戏剧性、令人敬畏的留着胡子的面部照片（不需要刮胡子去见北极熊），照片上的他戴着雪地护目镜，让人看到了北极太阳升起时的一幅形象。

我至少见过他两次，每次他都能让年轻的理想主义者想和他一样地生活。一次是在墨西哥的海滨度假胜地玛雅，那是一段由独特度假胜地点缀着的海岸线。在这里举办的一次我帮忙组织的慈善活动上，他给坐在一家六星级酒店游泳池边约200名拉丁美洲的有钱人做了主题演讲。当时，太阳刚落山，加勒比紫水晶水域和夜空无缝地混合在了一起。菲利普满怀激情地谈到了人类对世界海洋的影响，拍打着的波浪声不断地打断了他慢条斯理、深思熟虑的话语，也淹没了大家觥筹交错的声音。一年后，我在纽约市再次见到了他，在公园大道一家公司的会议室里，他激发一群年轻的男女继承人们要有所作为。

但是，除了每年花上几天的时间在豪华度假村给公园大道的显贵们做演讲之外，菲利普选择的职业把自己暴露在了许多的风险和斗争当中，无论是在户外探索极限科学，还是在户内经营非营利企业，都是如此。在澳大利亚海岸拍摄纪录片《海洋致命杀手》时，菲利普就在现场。期间，让人爱戴的斯蒂夫·欧文（又名鳄鱼猎人），被黄貂鱼的倒钩刺中心脏。菲利普帮助他实施了一个半小时的心肺复苏术，但欧文还是死在了去医院的路上，留下年轻的爱人和一个小女孩。这一场景对菲利普来说再熟悉不过，他自己的父亲探险家菲利普·库斯托（Philippe Cousteau）先生，在他出生前6个月死于水上飞机失事。在最近的金融危机中，菲利普减薪近100%，以避免从他的慈善公司"地球回音国际组织"（EarthEcho International）解雇任何一个人。同时，他不断面临为海洋探险筹集资金的困难。"国家太空探索的预算要比这大一千倍。"他指出。

"运营一个非营利组织、监督投资基金、开办一些企业、写书、公开演讲，以及诸如此类的其他事情，都真的很难做。但是，如果我没有做过试图帮助别人和有利于环境的工作，我的生活会很悲惨，"他皱着眉头强调了一下最后一个词，生怕结果不是现在的样子："我相信我不会做其他事。"

当你在寻找一种乐趣，而不仅仅是一份工作的时候

请完成这个句子：

在一个非营利的组织工作最有价值的事情是＿＿＿＿＿＿＿

＿＿＿＿＿＿＿＿＿。

请告知我们你的答案！

2014年7月，在我写这一章的同一天，为非营利机构、基金会和有社会责任感的企业提供最佳策略的杂志《斯坦福社会创新评论》（*Stanford Social Innovation Review*），在受欢迎的职业社交网站LinkedIn上贴出了上面的问题。我的一位在社会金融和社会创业领域卓有成效的熟人肖恩①，立即贴出了以下回复：

---

① 名字已变更。

在一个非营利的组织工作得到的最大回报就是变得狂躁抑郁。

你要么感到欣喜若狂，要么想砍掉自己的手腕。百忧解①，有人服用吗？

对于关注社会的新一代人，华尔街的高薪职业已经不再让他们感到满足。我们已经进入了一个给予即"酷"的时代。如今，似乎有一个普遍的共识是，当银行家和社会创新者已经不再那么酷了。毕业生们不再去华尔街施展才华，而是把自己的精力、智慧、商业头脑和创业基因奉献给非营利部门。大家对社会事业充满了激情，对问题的解决提出了各种新的思路，在数字工具和网络的帮助下，他们想在社会领域工作，相信这样做会获得更大的快乐和满足。

甚至连营利性公司也知道，他们可以通过关注社会活动来吸引人才。正如前纽约市长迈克尔·彭博（Michael Bloomberg）在他的捐赠承诺中所说，他承诺将大部分资产捐赠给慈善机构："我的公司彭博社一位高级管理人员最近告诉我，他在新员工招聘过程中将会重点提问这样一个问题：'你还会找到哪一家几乎把所有利润都捐给慈善机构的公司并且为其工作呢？'没有比这件事让我为自己的公司感到更加自豪的了。"

对有意义的工作和工作与生活一体化的期望一直盘踞在千禧一代和Y代人的心中。有人可能会说，他们希望在社会部门找到工作、实习和志愿服务的机会，从而让他们更加接近令人垂涎的摩根大通或哈佛大学，我相信他们的愿望是真诚的。每个星期我都会收到熟人的来信——有时候，会是一个完全想不到的人。他们询问如何在社会部门开始工作，或者如何从营利性部门跳槽到非营利性部门。

---

① 一种抗抑郁药。——译者注

21年前，在顶级商学院欧洲工商管理学院（INSEAD），两名工商管理硕士菲利普·唐吉尔（Philippe Dongier）和凯蒂·史密斯·米尔维（Katie Smith Milway），在全校范围内发了一封电子邮件，询问是否有人对与非营利性工作相关的职业培养课程感兴趣。一夜之间，126名学生和教职员工做出了回应——这一人数数量相当于一个新班级的50%。用学校提供的5万欧元创业基金，唐吉尔和史密斯建立了欧洲工商管理学院社会企业俱乐部印德福（INDEVOR）。

大西洋的另一边，高盛（Goldman Sachs）前管理合伙人、数家非营利性公司的董事会主席约翰·怀特海德（John Whitehead），因为相似的想法和哈佛商学院的院长走到了一起。他提出了哈佛商学院将如何利用其独特的能力来帮助提高社会部门的管理的问题。基于此，便诞生了社会企业发展中心（Social Enterprise Initiative）。

欧洲工商管理学院和哈佛商学院并非是学生对社会工作极为感兴趣的唯一的学校。根据下面布利吉斯潘集团（Bridgespan Group）提供的数据，纵览所有的顶级的工商管理硕士课程，学生对该主题越来越感兴趣。

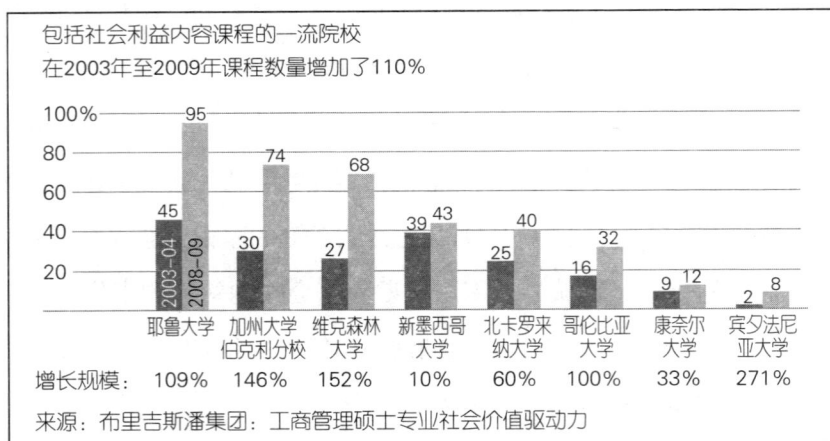

包括社会利益内容课程的一流院校
在2003年至2009年课程数量增加了110%

院校	耶鲁大学	加州大学伯克利分校	维克森林大学	新墨西哥大学	北卡罗来纳大学	哥伦比亚大学	康奈尔大学	宾夕法尼亚大学
2003-04	45	30	27	39	25	16	9	2
2008-09	95	74	68	43	40	32	12	8
增长规模	109%	146%	152%	10%	60%	100%	33%	271%

来源：布里吉斯潘集团：工商管理硕士专业社会价值驱动力

与社会部门组织管理相关的课程
与2003年相比，非营利性管理课程数量翻倍的一流院校

	北卡罗来纳大学	哥伦比亚大学	新墨西哥大学	加州大学伯克利分校	耶鲁大学	维克森林大学
2003-04	7	4	8	3	3	1
2008-09	10	9	8	8	7	5
增长规模	43%	125%	0%	167%	133%	400%

来源：布里吉斯潘集团；工商管理硕士专业社会价值驱动力

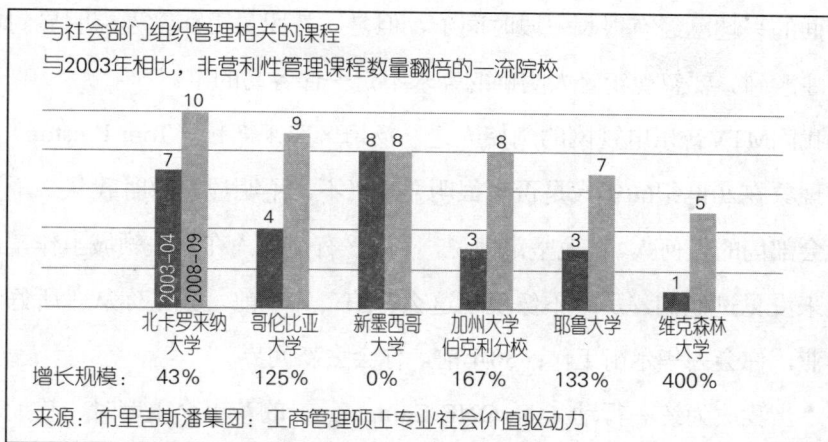

　　慈善事业和社会创业课程都位于大学生最受欢迎的课程之列，而且这一兴趣丝毫不会因为经济的扩张、衰退或下滑而放弃。事实上，全球的商学院现有36所开设了与慈善有关的课程。这些学校的教授们说，该主题之所以备受关注，是因为许多学生可能希望最终服务于非营利组织或自己成为慈善家。包括斯坦福大学、哥伦比亚大学商学院和波士顿大学管理学院在内的一些院校，有一系列专门涉及该主题的完整课程体系，而其他学校则是将慈善类课程融入社会企业课程当中。越来越多的工商管理硕士毕业生想去非政府组织或具有社会目的的公司工作。年轻、充满活力的人才正进入该行业，他们的工作包括志愿者、捐赠者、雇员、董事会成员和顾问等。

　　"网络冲击"（Net Impact）是由13个商业专业的研究生于20世纪90年代初成立的俱乐部，旨在召集对商业技巧感兴趣的年轻人，来支持各种社会和环境事业。该俱乐部现在已经壮大到由全球300多个分会5万多学生领袖和专业领袖组成的团体。"对开设社会影响课程的需求兴趣急剧膨胀，"宾夕法尼亚大学高影响公益事业中心（the Center for High Impact Philanthropy）创始执行主任凯特·罗斯基塔（Kat Rosqueta）说，"学生有

这方面的兴趣已经有很长一段时间了，但是，教职员工和管理层明显到现在才注意到。要忽视年轻人明确的需求不是一件容易的事。"

我问MTV音乐电视网的创始人之一汤姆·弗来斯顿（Tom Freston），这一现象在20世纪60年代是否也很明显。"不，不明显！那时我从来不认识社会部门的任何人，"他坚定地说，"似乎有一些人在这些领域工作，但你从来没见过他们。那时不像现在这么普遍。10年前，如果你从一所好学校毕业，你会去华尔街工作；30年前，你会去新闻界。"

"当我成为统一行动（the ONE Campaign）的董事会主席时，我发现了一个由年轻的、有创造力的人组成的亚文化群体。他们不受你所见过的私人部门的动机驱使，"他在回忆起一个在公司工作了6年、但从来没有要求过加薪的人时说道，"但他们同样令人兴奋，有情趣，有创造力。对我来说，他们是另外一个完整部落的人。这是我没有想到的，我觉得这是一件非常有趣的事情。"

根据美国"大学校园联盟（Campus Compact）"的统计，全美国有大约100门课程与该主题有关，其中最大的项目由"爱心传递基金"（Pay It Forward Foundation）负责实施。这个由联邦政府资助、位于俄亥俄州的项目为33所大学提供课程，并把钱分配给每个班，让学生捐助给当地非营利性组织。

为了孩子，也为了婴儿潮一代……

"我女儿葛瑞丝（Grace），今年四年级，在一家以问题为导向的学校上学。这所学校先进开明，社会公正是其课程计划的一大焦点，这也是我们选择它的原因之一，"名模克里斯蒂·特林顿·伯恩斯（Christy Turlington Burns）说，"她非常有同情心，有教养。我认为部分原因来自于学校里教导社会公正的方式。葛瑞丝还没有形成自己的观点或找到她具体追求的目标，例如'我想拯救海龟'或'我想成为一个素食主义者'，但我知道终有一天她会的。"事实上，越来越多的幼儿园和中小学都将社会问题纳入他们的课程计划中。

从另一个角度"退休"来讲，越来越多的老年人发现了新的人生目标。"再就业"在社会领域呈上升趋势，人们正在从事那些意识与他们内心自我同步的工作，但在此前这些工作只是停留在他们的头脑当中而已。

在一个许多女性都放慢步伐、靠打桥牌度日子的时代，希尔德·施瓦布（Hilde Schwab）和丈夫克劳斯（Klaus）一起建立了名为施瓦布基金会（Schwab Foundation）的公益创业基金会。她是这样评价自己的工作的——"这让我感觉很好；我认为这实在是太棒了！"我们在她日内瓦的办公室会面的过程中，她骄傲地递给我一本格式专业的螺旋式文件以及其他一些小册子。该文件详细介绍了各类社会企业家的故事。这些企业家都是由她的基金会挑选并加以支持的。这些故事包括一位南非妇女为有犯罪前科的未成年人提供就业机会，对自然灾害做出第一反应的志愿者网络等。"还有很多很多其他的故事。我有一整本书，全是介绍他们的，"希尔德说，她边说边自豪地拍着自己的书，"我认为有时候这些人真的是天才——他们总能找到改进问题的方法。我甚至读了一些从未谋过面的人的介绍资料，并且还参与了对这些人的遴选过程。这让我受益匪浅。这种能量，这些人的创造性，都增加了我的人生价值，让我备受振奋。我认为太神奇了！我无法想象，躺下来享受自己的生活也是这么的幸福。如果没有这个基金会，我可能会错过一些事情。"

如今，出现了许多对非营利性事业感兴趣的网站。非营利性工作网站Idealist拥有超过100万的注册用户。许多其他网站，如Opportunity Knocks和Common Good这样一些专门关注社会部门工作的网站如雨后春笋一般地出现了。虽然这些工作的报酬都并不怎么样，但并不能让每个人都止步。

2013年9月，职业社交网站LinkedIn增加了一个功能，允许其会员说出自己是否想成为志愿者或服务于非营利性的单位。它公布了大约1000个寻求志愿者的组织名单。在短短的8个月的时间里，上百万名会员做出了虚拟投票。[①]很明显，有更多的人在寻找志愿服务的方式，而不是零零星星的。虽然难以置信，但大多数非营利性的世界的确是这样的。

华盛顿特区公共政策智囊团主席亚瑟·布鲁克斯（Arthur C. Brooks）说："在教研究生的时候，我注意到那些追求非营利事业的学生是最幸福的。他们挣的钱比别的许多同学都少，但获得的成功一点也不亚于他们。他们对成功的定义是与金钱无关的，而且对此乐此不疲。"[②]但现实就是，像我的LinkedIn联系人肖恩所说，在一个非营利性的部门工作，如果同时服用健康剂量的百忧解，有时候仅仅是感到快乐而已。现实就是，它对人的要求是很特别的，要求能够忍受特别的挑战，真正做到把自己整个的生命都奉献给社会服务部门，而且心甘情愿这么做。

在20世纪80年代，比尔·德雷顿（Bill Drayton）就发现了这一点。作为麦肯锡公司管理顾问，他推动了"社会创业者"这一词语的流行，并入选哈佛大学最有影响力的100名校友。今天，"社会创业"往往用来指从事积极社会影响的事情，或者指非营利组织如何通过经营营利性企业来保持自给自足。但是，根据德雷顿的原始概念，社会创业者只是指

---

① 亚伦·哈斯特."好"并不是唯一的途径［N］.纽约时报，2014-04-20.
② 亚瑟·布鲁克斯.幸福公式［N/OL］.纽约时报，2013-12-14.

那些对某个社会问题提出创新的解决方案，并致力于传播该方案的人。就如戴维·伯恩斯坦（David Bornstein）在其著作《如何改变世界：社会创业者和新思想的力量》（*How to Change the World: Social Entrepreneurs and the Power of New Ideas*）中所描述的，公益创业者是"变革的力量：他们有解决问题的新想法，坚持不懈地追求自己的梦想。他们对问题不会说'不'，他们尽自己所能传播自己的思想，不会轻言放弃"。这些有远见卓识的人坚守他们解决重大社会问题的观念，雄心勃勃，始终如一，永不言弃，并且心甘情愿把自己的生命投入到改变他们所在领域的方向上。他们都是万里挑一的人。他们并非是我们当中许多为了某种自己抱有信念的事业而情愿"付出"的人。这一点德雷顿也看到了。基于此，他开始在世界范围内展开了对这些社会创业者的研究。1980年，他建立了一个名为"阿育王"（Ashoka）的非营利性组织，该组织为这些创业者提供约3年的生活津贴，让他们辞去工作，专心建立自己的机构并传播其思想。就如德雷顿所说，给他们的补贴不是给项目投资，而是给这些"脆弱、孤独和最需要帮助"的人投资。阿育王已经成为全球最大的社会创业者网络，在70个国家拥有近3000名成员。

谈到他和社会创业者的接触情况，伯恩斯坦是这么说的："我认为，社会创业者会受到利他主义的激励。但是，社会创业者并不是无私的。更可能的情况是，在关注自己的直觉、追求自己的欲望并积极实现自己的抱负时，他们的自我意识更强。而且他们得到的回报也是很丰厚的。"

美国团购网（Groupon）的创始人埃里克·莱夫科夫斯基（Eric Lefkofsky）在签署了"捐赠承诺"（Giving Pledge）时称，他深受这些人的启发。"捐赠承诺"由沃伦·巴菲特（Warren Buffett）和比尔·盖茨夫妇（Bill and Melinda Gates）发起，是世界上最富有的个人和家庭答应把他们大部分的财富捐赠给慈善事业的承诺。

在莱夫科夫斯基的承诺中，他说："对于我们这些有幸应邀签署'捐赠保证'的人来说，是很容易做出这种承诺的。我们拥有的比我们能够使用或需要的要多得多，所以这种捐献相对来说并不痛苦。但是对于那些不知疲倦地献身于某项特别的事业、让这个世界变得更好的人来说，捐赠是一件困难的事情。当你勉强能支付各项账单的时候，每一美元都很重要。当你马不停蹄地工作来养活家庭的时候，每一分钟都很重要。然而，值得注意的是，人们仍在寻找给予的方式……正是这种精神，一直激励着我和我的妻子丽兹（Liz）来为别人捐赠。"

行动主义：将其做到极致

"如果你没有愤怒，说明没有引起你的注意（IF YOU'RE NOT OUTRAGED，YOU'RE NOT PAYING ATTENTION）。"这是全世界各地顽固的行动主义者在汽车保险杠上的非官方贴纸标语。他们反对战争、核扩散或动物试验；他们雄心勃勃地推动医疗改革和环境保护。他们不满时光的消逝，对敌人的恶行充满愤怒，并认为这些错误是如此严重，唯一的应对方式就是采取行动——对其引起的关注越多越好。

2013年，秘鲁演员，环保活动家理查德·托雷斯（Richard Torres，其面貌酷似约翰尼·德普）在阿根廷的布宜诺斯艾利斯与一棵树举行婚礼，从而把对环保的支持提到了一个新的水平。就在前一年，托雷斯曾因通过裸体游行抗议移除秘鲁一家公园的树木而遭到逮捕。当时，托雷斯身着白色西装走过通道，而与他结姻的树则在树干上打了领带。结婚仪式上，在一位阿根廷艺术家主持之下，托雷斯宣誓，甚至亲吻这棵树来与其"完婚"。这场婚礼是托雷斯试图在拉丁美洲传播环保意识的一部分。他说："我的婚姻是永恒的，我将关爱所有的树木。通过拥抱它们，我就会感到它们的能量。"

受爱的欲望（而不是战争）的激励，其他的行动主义者挥舞着自制的标语牌，在街道上游行，慷慨激昂地劝说政客。他们当中最热心的人在法院外面挥舞着拳头，结果因抗命而被捕，送进监狱。像环保行动主义者里克·奥巴瑞（Ric O'Barry）就是这样的人。他曾是海豚训练员、奥斯卡奖最佳纪录片《海豚湾》的主演。

他们经历了愤怒、压力、倦怠、幻灭、伤心、悲痛和绝望。有时候，他们会被各种野心及反对自己不喜欢的文化的意识所淹没。然而，无论行动主义者做什么，不管他们在严寒或炎热的天气里待多久，不管他们穿着滑稽的服装还是像托雷斯一样一丝不挂，到头来产生影响力的机会十分渺茫。托雷斯与树结婚的作秀行为对环境保护的影响可以忽略不计（但环境组织的其他大多数项目都是如此，他们遇到的问题很棘手，只有从长期来看，才能感知到它们的变化）。

2003年，研究人员爱丽丝·米尔斯（Alice Mills）和杰瑞米·史密斯（Jeremy Smith）研究了人们如何通过要求改变现状来找到幸福。[①]在这一年当中，他们访谈了11名来自不同背景的人士。研究人员询问他们是如何参与活动的，是什么动机激励了他们，是不是想从他们参与的活动中获得一些个人的东西，以及他们积极的奉献是有益于他们的幸福感还是阻碍了他们的幸福感。

下面说一位行动主义者接受访谈时所说的：

现实主义体现在你身上就是看你能够引起多少麻烦，看你结交的

---

① 爱丽丝·米尔斯，杰瑞米·史密斯. 如何通过呼吁做出改变来获得快乐：在社会运动行动主义者中构建幸福和意义［J］// 定性研究报告；第13卷第3号. 2008：432-55.

人有多少能耐，他又能彰显多少能耐……然而，有时……很少有人能理解或想理解，或者根本就不在乎，所以从这个角度来看你可能无异于自杀，因为你成功的机会极为渺茫，特别是在这个国家。

一些行动主义者被愤怒混淆了视听，无法实现他们乌托邦式的理想成了挥之不去的痛苦之源。另一些人一直觉得自己在生活中错过了机会。在加利福尼亚参加海洋保护工作的斯考特·贝克（Scott Baker）[①]所说的话一直萦绕在我的耳边。他曾告诉我说："我没有家庭，因为我养活不了一个家。"

凯瑟琳（Katherine）是左翼政党一位30多岁的成员，从上大学开始就是一个行动主义者。她说自己喜欢付出的过程中所经历的曲折。尽管如此，她还是一直担心自己身上会发生什么，并根据自己的个人情况对自己的人生道路做出了相应的调整。在她的身上，生活的意义和幸福感之间存在着潜在的冲突。她说："我不想到了50岁或60岁的时候想'我参加的政党偷走了我的生活，因为我没有做我想做的事。'我当然不想把自己置于这样的境地，为了过多的牺牲而感到悔恨。"

1989～2010年担任"无国界医生"组织（Doctors Without Borders，法语为Médecins Sans Frontières，简称MSF）主席的理查德·洛克菲勒（Richard Rockefeller）说："有这样一些人，他们把自己的人生奉献给了包括'无国界医生'组织在内的事业。环境保护主义者的情况有时候是最糟糕的，这非常令人沮丧。面对同样的敌人，他们没有让自己变得更快乐，没有更坚强、更有效地抵抗。"

那么，又何苦呢？

2009年，德国执业心理学家马尔特·克拉尔（Malte Klar）和伊利诺

---

① 名字已变更。

伊诺克斯学院的提姆·凯赛（Tim Kasser）教授，向344名大学生提了一系列的问题，来了解政治行动主义在他们生活中有多重要的作用，他们对其投入情况如何，以及他们投入这种行动主义的可能性有多大等。然后，克拉尔和凯赛通过各种衡量标准，提出了一系列旨在进行评估的问题，来了解他们的幸福程度：包括成就感、乐观度、自主权，以及与周围的人的关系等。

两位科学家发现，政治行动主义和个人幸福感之间有着明显的联系。根据大多数的衡量标准，行动主义者似乎要更幸福、更乐观，得到的社群分数也高。当他们再一次进行研究的时候，选择了359名自认为是政治行动主义者或有政治积极性的人，同时选择了规模相同的对照组，最后得出了相似的结论。但是，尽管这些研究发现了其中的相关性，但却并没有给出它们之间的因果关系。非常有可能的是，更幸福、更乐观、更愉快、更喜欢社交的人首先是行动主义者。但是，行动主义能使人更快乐吗？

为了回答这个问题，凯赛和克拉尔又进行了第3项研究。他们让受试者像行动主义者一样思考，然后评估对他们短期幸福感的影响。他们向受试者调查了大学食堂的饮食情况，并且让其中的一些受试者思考凯赛和克拉尔所称的食品"伦理政治方面"的问题，鼓励他们给学校餐厅的管理部门写信，要求提供当地或公平交易产品的信息。就另一组受试者，他们给出的建议与政治无关，是"享乐和自我导向"方面的问题，如食物的种类和口味等，并鼓励受试者给管理部门写信，要求提供更美味的食物。

在对学生们的幸福感进行评估时，涉及政治因素的一组显得最有活力：和仅仅抱怨菜单的一组相比，他们感到更加活跃和充实。"我们所发现的是，"凯赛说，"和非行动主义者群体相比，行动主义者群体感到更加生气勃勃、更有活力、更加精力充沛。"行动主义的学生并不在乎食品的道德问题，而是采取行动让他们自己感觉更好。虽然给食堂管理部门寄送备忘录并不是最艰难的行动，但对这么做的学生来说影响重大。这项研究表明，即使很小规模地投入政治行动，也可以提升一个人的活力感。"积极行动者比常人的生活更快乐、更充实。"克拉尔说。

研究人员承认，虽然在某些方面可以显著地发现，相对简单和少量的操纵对幸福感有所影响，但必须指出，这种结果显得薄弱，而且仅限于单一的衡量措施。尽管如此，这一证据对行动主义与人的幸福感之间的潜在因果作用和以前的研究是一致的。由心理学家霍利·哈特（Holly Hart）、丹·麦克亚当斯（Dan McAdams）、巴顿·赫希（Barton Hirsch）和杰克·鲍尔（Jack Bauer）在2001年进行的一项研究中发现，行动主义与一种被称为"生成性"的因素密切相关。这种生成性指对别人的一种责任感。几项研究都发现，生成性又与幸福感相关。

根据著名的社区组织者索尔·阿林斯基（Saul Alinsky）的观点，行动主义的关键并非是指纠正错误的机会，而是指更有情调的东西。他写道，作为行动主义者他们能让人们感受到以前没有意识到的活力。在他1971年出版的《激进分子的原则：现实激进分子入门手册》（*Rules for Radicals: A Pragmatic Primer for Realistic Radicals*）一书当中，他鼓励有抱负的组织者在招募志愿者时利用这种期盼和兴奋感。"在沉闷、单调的生活气息当中，人们对戏剧性的事件和冒险充满渴望。政治行动主义可以满足这种渴望。"至于幸福感，他说，"对幸福的追求是永无止境的。幸福就在追求的过程当中。"

在米尔斯（Mills）和史密斯（Smith）的研究中，一位叫惠子（Keiko）的受访者讲了她参加过的有"光辉"记忆的反战示威活动。"在那样的山顶上——参加那样的活动，你完全参与其中。那是你能想到的所有美好的激情。"她选择做一名行动主义者，是因为对她来说不算是太大的牺牲，她依然能干她的专职工作，而且也不需要她一天到晚地付出。对她来说，行动主义能实现人的更大需求，而且还和自己觉得待在一起舒服的人建立了亲密的友谊。这种通过共享的经历建立起的幸福感和友情是他们在研究中经常提及的主题之一。行动主义者与其他值得信赖的、志同道合的同行建立起了深厚而稳固的联系。他们谈论通过网络积极建立联系，并将自己投入到活动中去。正如一位受试者所说："我真的很喜欢这种社会感受，你不需要向别人解释你自己……你可以做你自己……不必觉得你必须保护自己，或有被保护的感觉。"

投入到活动中的行为，使得他们与运动团体中遇到的其他人建立起了牢固的关系。许多仅仅是短暂的离开，为的是思考他们的经验教训，恢复自己的精力。团结在一起，共同面对压力、幻灭和绝望，当然还有兴奋，让他们明白自己是不同于世界上的其他团体。

但是，行动主义能带来快乐，仅仅是因为行动主义者与自己喜欢的人一起出去打发时间吗？还是因为它与没有政治意义却有社会性的活动（如上教堂或参加垒球联赛）有明显的不同呢？在米尔斯和史密斯的研究中，有一个受试者就这个主题提出了新的观点。这位年近40岁的澳大利亚籍智利人乔斯（Jose）说：

> 政治行动主义是不幸福的根源……同时也是幸福的根源，因为如果我在自认为能产生影响或能有所作为的领域没有取得成功的话，它就成了不幸福的根源，甚至比没有看一场录像、输了一场足球赛或没能实现其他能带给我快乐的事情更加让我不快……因此……政治在某种程度上既是幸福的根源，也是不幸福的根源。

认为政治行动主义能让人们更快乐的观点可以追溯到亚里士多德时代。在他大约于公元前350年所著的《政治学》（*Politics*）一书中，亚里士多德认为要实现"eudaimonia"（通常译为"幸福"），每个人都必须接受自己在政治制度上的责任，从而保护他们的个人生活、社会阶层和群体的利益，同时还得通过劳役与领导实践把美德灌输到自己的内心。

英国殖民统治期间的印度民族主义杰出领导人莫罕达斯·卡拉姆昌德·甘地（Mohandas Karamchand Gandhi）描述称自己"愉快地"服从于自己行动主义带来的后果。通过非暴力不合作方式，他带领国家走向独立，激励世界各地的民众参与争取公民权利和自由的运动。甘地走遍了印度，经常跟十万多印度人发表讲话。他经常被警察盯梢，1922年，他被捕并被指控他在自己的杂志《年轻的印度》（Young India）上发表的3篇文章有煽动性言论。甘地在艾哈迈达巴德的审判上认罪，发表声明说："我在这里……欣然服从于能给我的最高刑罚，这在法律上是一桩蓄意的罪行，而对我来说，这是一个公民的最高职责。"

甘地被判处6年监禁，在1930年、1933年和1942年又分别遭到监禁。当时他进行了绝食抗议，那也是公民不服从运动的一部分。25年后印度终于宣布独立。他曾说过："幸福就是你的所想、所言、所做是和谐一致的。"

"政治行动主义的力量，"卡塞（Kasser）说，"就是它能为人类的幸福提出这么多的要求。它给人们一种有效的感觉，让他们有正在改变自己的世界的信念。它也提供了一个丰富的社交网络。因为政治事业的选择是自由的，所以行动主义提高了个人的独立意识。它给人一种自我超越感，让你觉得属于比自己更大的利益的一部分。"卡塞认为，所有这一切，都已证明能让我们更快乐。这不仅仅是为了一项更大的事业而做出的自我牺牲，更是一种获得直接和持久的精神回报的追求。

如何去做

如果想通过做一名行动主义者来找到快乐，你应该记住以下3件事情：

1. 自主和自由——不要因为受人强迫而投入行动主义。让它成为你自己的选择。

2. 投入感——找到一项你真正感到投入其中的事业。

3. 能力——确保你能胜任自己所选择的特定角色。

也要注意的是"高风险的行动主义"（参与其中的行动主义者会冒被捕或受伤的风险）与更高水平的幸福感没有相关性。

"如果你了解到了一项真正感到对自己重要的事业，就去获得与之相关的信息，有条不紊地行动起来，"克拉尔（Klar）说，"行动主义也许不仅能改变你的幸福，也能改变世界。"

就如安·兰德（Ayn Rand）在《阿特拉斯耸耸肩》[①]中所写："幸福是一种非矛盾的快乐状态——一种没有惩罚或内疚感的状态，是一种不与你的价值观冲突、不给你带来毁灭的快乐感，它不是从你的头脑中逃脱出来的喜悦，而是利用你心灵的最大力量；它不是伪装现实的快乐，而是实现真正价值的快乐；它不是一个酒鬼的快乐，而是生产者的快乐。"

一生难得的经历

著名活动家、76岁的里克·奥巴瑞（Ric O'Barry），并不是一个很多人会将其描述为"幸福"的人。2009年，一个纪录片制作团队以他为主演拍摄了《海豚湾》。这部影片在圣丹斯电影节（Sundance Film Festival）

---

① *Atlas Shrugged*，又译《地球战栗》——译者注

上映时，观众起立鼓掌，最终在犹他州赢得了奥斯卡奖。从此之后，对里克的采访和照片大量出现在媒体上，他经常被描绘成表情闷闷不乐，阴沉的眼睛在他常年戴着的卡其色破帽子的映衬之下显得没有光芒。甚至连他的网站都将其描述为"与孤独和殉道者的沉重如影随形"。

但是，如果用兰德的观点来评价他，那么我不得不说，里克是我见过的最快乐的人。

"我遇到了一生难得的经历。"里克笑着说，笑容使得他褐色的眼睛睁得很大。他褪了色的 T 恤和帽子，和他称之为办公室的欢快的、瓜果色的地方看上去有些不相称。在他身后是带着大枕头的柳条沙发床，上面盖着鲜亮的粉红色和绿色相间的条纹布，还有一扇窗户，挂着印有棕榈树的窗帘，刚好为他遮住了佛罗里达的阳光。办公室里到处是里克的照片，有年轻时候的，也有老年时候的，全是和他最爱的动物海豚在一起，要么拥抱，要么亲吻，要么一起玩。

"抱歉，"里克在谈到自己如何开始这项事业时，刚说了一半就消失了，"我得让猫出来。"他笑嘻嘻地说。

在20世纪60年代，喜欢水下运动的里克是一名商业潜水员和潜水教练，受聘到迈阿密水族馆做潜水员和教练。这对他来说是一份梦寐以求的工作。他说："让我觉得高兴的是，做了这么有趣的事还得到他们的报酬。"他工作的一部分是捕捉海豚，因为他对自己所做的事充满激情，所以他成了世界上最有经验的捕猎海豚者之一。事实上，他认为美国的第一个海洋动物保护法就是直接瞄准了他和他的团队。南卡罗来纳州立法机构通过了一项法律，反对"在博福特县的水域利用渔网、陷阱、鱼叉、套索猎捕或骚扰海豚属（Delphinus）和宽吻海豚属（Tursiops）动物"。这一水域是他猎捕海豚的地点之一，但这却没有引起里克的注意。"我当时认为批评我们的人是怪胎。"他耸耸肩说道。

　　在水族馆，里克成了5只海豚的培训师。这些海豚出演了热门电视系列片《海豚飞利波》（*Flipper*）。该部片子讲的是一只有非凡的智慧、能理解人类行为的宽吻海豚。飞利波是一个美国健康家庭的动物伴侣——实质上是一个水手的情人——这家人在片中开始在许多方面迷恋上了海豚，这种情节一直延续至今。里克教飞利波跳铁圈、把香烟咬成两半、跟在他的后面走路、打篮球，甚至在"海底"帮困在汽车里的人解围。由于该节目很受欢迎，成千上万"飞利波"午餐盒、图画书、拼图等各种各样的商品开始在市场上销售。世界各地的孩子都梦想着有自己的宠物海豚，或者至少与其一起游泳。在好莱坞工作让里克取得了成功。"这里有很多钱可以赚。我有三辆保时捷，一辆捷豹。"

　　10年的时间里，里克继续着他的工作。因为在水下和海豚待的时间太多，他的头发变成了硫酸铜的绿色，成了大家所知的水族馆里的"海豚人"。"它们是社会的动物——我跟它们待在一起只是为陪伴它们。"在他的回忆录《海豚微笑的背后》（*Behind the Dolphin Smile*）里，里克写道："我和海豚一起吃、一起睡，在它们围着我嬉戏的时候读《海豚飞利波》的剧。它们饿的时候，我给它们喂食。有新的花招需要学习的时候，我教它们。需要移动它们的时候，我会待在装它们的箱子边上，让它们身体保持湿润，确保一切顺利。"他甚至对喂给它们的鱼进行采样，带回家中以确认它们是新鲜的。"我们非常亲近——海豚和我。"

　　在《海豚飞利波》拍完几年之后，当海豚凯茜生病的时候，里克赶回海洋馆，陪在它的身边。当时，他刚从印度回来。在印度的时候，他不知道演出结束之后该做什么，所以他在考虑下一步的计划。回到迈阿密海洋馆，他看到凯茜无精打采地浮在水上，整个身体布满了大大的、丑陋的黑色水泡。备受震惊的里克没脱衣服就跳入了水中。"它游了过来，投入我的怀抱。我抱了它一会儿，觉得生命正离它而去。它的尾巴停止了摆动。

它死了。"凯茜的躯体沉到了池底。

里克来了个180度的大转弯。从那天开始，他开始了为期43年的使命，来反对流行了10多年的行业。十分巧合的是，在凯茜离去的这一周，2000多万美国人一起庆祝第一个地球日。当时，地球日对里克并没有多大的意义，但公众开始抗议进行环境改革的行为似乎让他要做的事业变得合法化了。凯茜死后，里克立即飞往巴哈马的比米尼岛。在那里，他了解到几年前他在迈阿密捕获的一只美丽而善于社交的年轻海豚查利·布朗，正被关在一个小而沉闷的围栏里。"我在踏上朝圣旅程，试图解开我所制造的一些混乱。"他说道。

他的计划是实施一项"公民不服从"行动，一项罗莎·帕克斯（Rosa Parks）风格的行动。1955年，罗莎·帕克斯拒绝在公交车上给亚拉巴马州的一位白人男子让座，从而掀起了全国范围内结束公共设施内的种族隔离行动。当时，法律允许捕获海豚并将其送到世界各地的游乐园。里克希望通过帮助查利逃走，从而引起大家对这项荒唐法律的关注。"是的，她这么做是违法的，但罗莎·帕克斯引起了大家对一项非常糟糕的法律的关注。"安静而本性内向的里克说道。按照计划，他得溜进私人领地，潜入水下，剪开栅栏，然后把查利·布朗放掉。为了充分扩大影响，他还得去自首，然后被关进肮脏和臭名昭著的福克斯·希尔监狱（Fox Hill Prison）。他必须得从内向的躯壳中走了出来，在公众面前发表声明，大声为自己辩护。

"如果不知道罗莎·帕克斯，我可能不会做一些我做过的事情。"不幸的是，他尝试将囚禁的海豚放出来的第一步没有完全取得成功。他切割的铁丝网塌了下来，把他钉在海底，差点没把他淹死。更糟糕的是，查利·布朗在它待了几年的熟悉的"监狱"里游来游去，拒绝被释放，其中的原因里克后来才明白（被关起来的海豚如果"没有受过训练"才会逃走）。

但是他的确进了监狱，创造了喧闹的场景，吸引了公众的注意力。他的计划成功地激起了人们对被困海豚的关注。事件发生的次日早晨，一堆记者已经驻扎在监狱门前，成了《迈阿密先驱报》的封面故事，后来又出现在《生活》杂志上。由于全国媒体的关注，他开始每天收到几十封来信。

"我从来没有打算成为一个行动主义者，"他解释说，他只是回应那些投在他邮箱里贴着邮票的信件，"有人遇到紧急情况，需要帮助，我就会去帮助他们。一件事情接着一件事情。"他支持自己作为一名特技表演者，他生活拮据，几乎所有的收入都用于阻止世界各地对海豚的利用。"我是出于内疚，因为我是这个行业的帮凶，与这些海豚的捕获脱不开干系。我意识到自己正在试图弥补自己的过错。"

近来，一辆自行车取代了里克的豪华跑车，他每天收到几百封电子邮件，而不再是贴着邮票的信件。"如果世界上任何地方有海豚遇到麻烦，都会联系到我的。有一次，澳大利亚的一位女士想让我来解释一下她前一天晚上做的海豚梦，还有一次汉城市市长要求我来帮助他们释放他们没收的海豚。"多年以来，他从未对自己的人生目的有过怀疑。"如果有人为了目的的疑问而苦苦挣扎，说明他们已经走上了正确的轨道。我的建议是，继续寻找，你会找到它的。"

我认为所有报道里克的文章，都把他描绘成一个悲哀的、痛苦的灵魂，于是问他值不值得这么做。

"哦，天啊，我真希望回到我原来的生活，"他开玩笑说，"做这份工作很辛苦。大部分时间我都得去很遥远的地方。当你问我家在哪里的时候，我是那种……在哪里呢？我在外面跟着海豚的踪迹，那才是我真正的家。"里克说道。他的妻子和8岁的女儿生活在丹麦。就在一周之前，他还在多伦多公开与一位海洋公园的老板就圈养海豚问题的教育价值展开争论，第二天他又去了日本，在那里他一直是一个举足轻重的人物，致力于在太地町海湾结束一年一度捕杀数千只海豚的活动。正是他在日本的工作，给他赢得了名誉。当时，纪录片制作者让他担任《海豚湾》的主角。该部片子反映了日本过度捕捞、海豚圈养、非法捕鲸和屠杀海豚等问题。

"日本政府官员视海豚为害兽，认为必须大量消灭，保护海洋鱼类。"里克解释说。所以在太地町及日本的其他各地，渔民们把成群的海豚赶到一个隐蔽的海湾，然后用网捕捉。一旦海豚被包围，渔民们就用刀砍它们的喉咙或用长矛去刺它们。"海水被海豚的血染成了红色，空气中弥漫着海豚的尖叫声。"里克说。大屠杀持续6个月之久，年复一年，通常从9月一直到次年4月，而且在某种程度上由于国际水族馆的参与而得以持续。他们"获得几只有天赋的海豚，圈养起来用于表演和游泳项目。通过付出巨大代价来购买活海豚，水族馆行业实际上是在资助屠杀行为。"里克说。影片的成功让众多人士成了行动主义者，来关注海豚问题、汞污染，以及海洋生物的保护。

如今，已经是里克做行动主义者的第4个10年了。他说自己"已经超越了内疚……今天，这份工作就像呼吸一样自然，我不再去想它，只是去做就行了。我意识到，如果我没有参加《海豚飞利波》的拍摄经历，没有在迈阿密海洋馆的工作经历，我不会在这里跟你谈拯救海豚的事。我现在很清楚。那是我以前做过的，我得去那样做。"今天，他为印度刚刚通过的禁止圈养海豚的法律感到欣喜。就这么大的国家而言，法律是特别重要的，因为有那么多的人要求开办价值数百万美元的海豚馆。这里需要的所有海豚都来自于太地町。然而，他知道自己的胜利可能是短暂的。"在所罗门群岛，有一项法律禁止捕捉和出口海豚；然后新政府来了，这项法律便成了一纸空文。"

我问他如何处理他人生使命当中的困难，他将其描述为"一个棘手的问题"。他停顿了一下，说他只要去水上就可以了，不管是在比斯坎湾、巴哈马还是济州岛，"仅仅是为了提醒自己为什么要做这件事。我需要看到野外生存的海豚"。接受采访的前一天，他决定边工作边放松一下，所以当一队记者走近他要求采访时，他邀请他们乘冲浪板到比斯坎湾，和他一起待在水里。

"事实上，我很擅长于此，"他回顾道，"我刚去过加拿大，那里有1000人在示威，还有很多的媒体。"他继续说道，在空中挥舞着手臂，来再现那种混乱感。"当我出现在他们面前时，每一个人都想和我说话。每个人都被拍进照片。他们有一个我必须要听的关于海豚的故事。他们邀请我共进晚餐，还邀请我去他们家里。如果我真的去了那里，和他们一起吃晚饭，对他们来说是放松，但对我来说，就是另一场采访。所以我没有和他们一起去吃饭，也没有去他们家里。我得单独待着。我回到酒店，很长时间都是一个人。不工作的时候，我会变得非常非常孤僻，这也是让我免于精疲力竭的唯一途径。如果你在思考某个问题，可又不断地谈论这些问题，你就会筋疲力尽的。"

但面临各种挑战，里克从来没有把自己所做的一切看作是一种牺牲。"这不是牺牲，我依旧这么认为。我的意思是，成功就是按照自己的方式生活，我就是这么做的。我做出了选择，然后就去做了。成功不是金钱——而是其他的东西。我对自己感觉比以前好多了。我现在可以走出这个房间，去巴哈马或加勒比海，实施我的海豚治疗计划。如果真想赚钱的话，我可以一年赚5万～1000万美元，但晚上就难以入眠了。相反，我去了日本的太地町，在那里，我晚上睡不着觉，"他边说边开怀大笑，"无论哪种方式，都是我自己做出的选择，我感到非常满意。我们这个星球上有数十亿人，他们大多数在早上起床的时候都希望上班路上不要遇到倒霉的事情。他们机械地工作，然后回到家里，看电视，到了第二天，把这些事再重复一遍。大多数人都能够睡上舒服的觉。"但他的生活，里克说："就像坐过山车一样，每小时161千米。"在这条路上，最让他不好受的是不能够经常见到自己的家人。幸运的是，他的妻子海伦（Helene）也在从事海豚救援工作，一直对他都非常支持。

"现在真正激励我的是看到的一些结果，这让我一直勇往直前，让人感到充实。"去年，在日本遭到捕杀的海豚只有800只，比前一年里克观察到的数量少近一半。得知有汞污染之后，很多日本人也不再购买海豚肉。

在道别之前，我向里克承认，我是近几年才看的《海豚湾》，因为担心会看到屠杀海豚的场景，让我对人类充满怨恨。

"我只是在遇见你之前才观看的。"我羞怯地承认。

结果，他承认他自己也没有真的看过这部片子。"我只看了一部分。我和观众看到的或许不一样，因为我看到的是剧本。我看到的是我面前的生活，我看到的是结婚、离婚、出生、死亡、法院、监狱里的牢房。我看到了许多别人没看到的东西。让我观看这部片子是一件很难的事情。"

就像他所反映的，我讲给他的都是一些我所遇到的生活目的与幸福生活相关联的各种研究。我问他是否对这些研究持赞同观点。

"我比以前更幸福快乐。我不知道如何用语言表达。"他停了下来，表情并不是我们期待的那样很快活、充满微笑、眼睛洋溢着幸福的光芒，而是显得更加深沉。"我知道是怎么回事，但不知道如何去说。我以前做的是捕获海豚然后训练它们；今天做的则正好相反。我重新训练它们，我把它们放回大海。这就像是宿命。我想我该投胎来解决我犯下的错，但我只有一次生命来这么做。"

"我只是把脚抬起来，继续往下走，"他继续说道，"如果想得太多，我可能会放弃，因为试图阻止这个价值数十亿美元的产业，像是拿着一个水桶去海边，试图阻止潮水的到来一样。这并不总是关乎输赢；重要的是能如期而至。这就是我所做的，这就是从1970年地球日以来我一直在做的事情。"

里克·奥巴瑞的海豚项目隶属于地球岛屿研究所国际海洋哺乳动物项目（Earth Island Institute's International Marine Mammal Project），是非营利性的。海豚项目旨在阻止世界各地屠杀和利用海豚的行为。这项工作已经通过《自由的坠落》（*A Fall From Freedom*）、获奥斯卡奖的纪录片《海豚湾》（*The Cove*）等影片及动物星球频道短剧《血染的海豚》（*Blood Dolphins*）记录了下来。目前在全球范围兴起了海豚保护运动，包括所罗门群岛、印度尼西亚、埃及和新加坡等。

如何应对职业倦怠

它本应感觉很好……但却不再那样了！

在法国多尔多涅地区腹地有一个地方叫梅村（Plum Village），是一个安静的修禅之地。它是世界上最受人尊敬的禅宗大师之一——行禅师（Thich Nhat Hanh）创建的，它欢迎俗人来此进行佛教修行。当我遇到这里的一个和尚的时候，问他都是些什么人去那里。在我的想象中，应该是压力过大的银行家、希望破灭的嬉皮士和情场失意的女人，体验吃饭和爱的经验。"是这回事，"他点点头，但他其他的回答着实让我吃惊，"在每年去梅村的成千上万人当中，大多数都是在社会部门工作的。他们去梅村，是因为他们对自己的职业感到倦怠了。"

我渐渐发现，许多非营利性部门的人工作热情逐渐消退，产生了倦怠情绪。总是推销希望，试图说服别人做行动主义者的举动导致最终情感上没有了热情。大多数以营利为目的的公司既有旺季也有淡季。就像零售业，最繁忙的是节日期间和顾客领到工资的月底。在其他日子里，员工可以放松一点。但是，在为世界上最紧迫的事业提供服务的过程中，没有诸如停工检修这样的情况。这一领域经常会有紧急情况，最后时限必须得认真对待——有时候是生死攸关的。经常性的紧迫工作让行动主义者把自己生活中的重要事情放在第二位。结果，伴侣、配偶、家人和朋友都在争取赢得他们的时间和关注。此外，许多非营利性组织应付的日常问题没有具体的解决方案。棘手的目标（如消除贫困）——他们的努力会不会对现状有所改变这样的一些时常不确定的因素，也会导致挫折感和最终的职业倦怠。

2008年，一项称作"非营利性人才的声音"（The Voice of Nonprofit Talent）的调查发现，84%的非营利性工作求职者认为工作是他们身份的一部分，而不仅仅是一种谋生的途径。这可能是发生社会变革的一个非常强大的驱动力，但对这些人来说要在工作和个人生活之间找到平衡的话，又是一个障碍。正如吉尔·鲁宾逊（Jill Robinson）所说，自从2003年以来，她就没有过一个周末，结果导致了她婚姻的破灭。"我认为，在这场运动当中，很多人都会遇到这种情况。我们如此敬业，充满激情，直到你失去自己所爱的东西时，才发现为时已晚。"

在谈到工作的动机时，那些选择在社会部门工作的人一开始就有了明显的优势。他们对自己的事业充满激情，并致力于他们所在组织的使命，他们的工作也符合他们理想主义的性质。对大多数从事金融工作的人而言，就并非如此，他们承认工作只是为了赚钱。"工作"和"天职"之间的其中一个差别就是工作耗尽你的精力，天职让你充满精力。但是，当非营利性专业人士在这种非常自然的经历当中受益的同时，他们的工作只能勉强度日，而且困难永不休止，从长期来看，他们又如何维持动机、承诺和激情呢？

事实上，有一些对非营利性工作的描述，如国家地理学会（National Geographic Society）的海底"探索者住户"，他们让整天坐在公司办公桌前的人又憎恨又嫉妒。但大多数非营利性工作听起来更像是"发展总监"或"研究经理"。不过更糟的是，许多非营利性组织的员工因为人手不足而什么事都做。西尔维娅·厄尔就是一位"探索者住户"，她在接受采访时暗示，其科学探险可能导致了她的第一次婚姻的失败。"当你像我一样受到这样激励的时候，就很难保持传统的婚姻关系。"她说道。永远都微笑着充满热情的尼克·胡哲（Nick Vujicic），自小就没有四肢，他用自己的故事来向其他残疾人传播希望。他说："我遇到了好多的问题。在非营利性组织中，我有很多事情要处理；营利性的公司，我同样有好多事需要处理……我有背痛的毛病。我并不是经常在早晨醒来的时候脸上带着微笑——这是不可能的！"

仅仅因为行动主义者受使命的驱使并非意味着他们所有的时间都很幸福快乐；仅仅因为他们热爱自己的事业并不意味着他们就热爱自己的工作；拯救世界和拯救儿童并不意味着一直处于幸福快乐的状态。

职业倦怠及同情心的疲劳：当助人者厌倦了帮助的时候

在以持续的压力和危机为特点的机构工作，导致的心理上后果通常分为3类：职业倦怠、二次创伤和同情心的疲劳。3种情况并不完全一样，能够将它们区分开来是很有益的。

职业倦怠与工作环境有关，包括文案工作、监督不力或缺乏支持等压力源。职业倦怠症是一种与处于困境中的人一起工作之后产生的最坏后果，也是护理人员职业压力中最不能忍受的结果之一。在非营利性部门工作的人，休息会有一种内疚感。这就好像签署协议为红十字会工作而放弃度过愉快假期的权利。总部位于美国洛杉矶的加州美好基金会（The California Wellness Foundation，缩写为TCWF），其罕见的地方在于给非营利性工作的管理人员发放现金补助，以便他们能从紧张的日常职责中抽出时间。现在，在其成立的第11个年头，它已经给每位执行董事提供了3.5万美元的报酬，涵盖了其带薪休假期间的工资和其他费用，该假期至少达3个月。"TCWF认识到了支持非营利性部门领导的重要性，允许他们休息、反思和充电。"该基金会的总裁和首席执行官朱迪·贝尔克（Judy Belk）说。

职业倦怠的各个阶段①

——安得烈·格力杰克（Andrew Goliszek）博士

第1阶段

　　高期望和理想主义

　　工作态度过分热情

　　致力于工作

　　精力消耗大

　　具有积极和建设性的态度

　　工作富有成效

第2阶段

　　悲观情绪与首次出现对工作不满意的迹象

　　身心疲惫

---

① 护理人员的职业倦怠预防：自我护理和组织护理 [J] // 护理工作：战争期间和战后性和家庭暴力的指导手册. 荷兰乌得勒支：阿米拉基金出版社，2005.
安德烈·格力杰克. 60秒压力管理 [M]. 纽约：矮脚鸡出版社，1993.

挫折与理想的失落

工作士气降低

无聊感

与压力相关的早期心身症状

第3阶段

打退堂鼓和孤独感

不愿与合作者接触

充满怒气和敌意

非常消极

抑郁和其他情绪上的困难

不能思考或集中注意力

身体和精神极度紧张

大量的紧张症状

第4阶段

对职业兴趣的淡漠与丧失

缺乏自尊

习惯性缺勤

工作态度消极

愤世嫉俗

无法与其他人互动

严重的情绪问题

身体和情绪上的严重压力症状

产生离开工作或职业的想法

二次创伤（有时称为间接创伤）是指与受创伤的人打交道而对护理人员产生的心理影响。护理人员经常遭遇到与他们打交道的受创伤的病人经历的同样症状，如做噩梦、侵扰思维、抑郁、愤怒、烦躁、无助、慢性疲劳、消化问题、易感染疾病、饮酒和吸烟频率增加、处方药物成瘾等。这些强烈的反应，是受创伤的人正在经历的体验与护理人员遇到的未解决的困难，以及以前的人生经历之间的相互作用的结果。在听戏剧性故事的时候，护理人员可能不得不面对自己的感受，如恐惧死亡或担心戏剧中类似的情况可能会发生在自己的家人和朋友身上。这一过程会触发一些防御机制，如抑制、拒绝和投射等，它们可表现为不正常的职业行为和对同事关系的损害。发生在护理人员身上的这些强烈的情绪反应可能会妨碍他们的工作，而不是有助于表现他们对病人的理解和创造性地运用专业技能。

因为要和需要得到帮助的人群进行直接沟通，所以提供帮助的专业人士容易受到压力的影响。他们之间的交流沟通需要建立亲密的关系，对对方的情绪状态和遭受到的痛苦要有同情心。在其工作过程中，医护人员听到受助者无数的悲伤和悲惨的生活故事，其中描述了他们的创伤经历和毁灭性的损失。他们经常在情绪上深受其影响。此外，要帮助这些受创伤的人，他们通常面对的资源和可能性极为有限。

受创伤者提供给护理工作者的各种信息对其心理健康会带来严重的风险。这些护理工作者中的一些人是没有报酬的志愿者。他们通常都充满善意，想帮助那些处于危难当中的人，但这不是他们固定的工作。当然，这些志愿者中肯定有无偿的专业人员。然而，大多数志愿者是心理健康领域的外行，无论是在心理上还是感情上都没有相应的知识和经验来处理别人遇到的问题。听到别人的受创伤的经历，往往会让他们对自己的生活失去控制，对自己的世界观产生动摇。这样一来，这些护理人员可能自己会受到创伤，面临危机。

同情心的疲劳（简称CF，为Compassion fatigue的缩写）。据说在经历职业倦怠和二次创伤之后，一个人就会体会到同情心的疲劳，表现为随着时间的推移热情的逐渐减弱。几乎每一个参加过情绪上表现强烈的慈善工作的人，都容易感染上同情心疲劳的症状——其中接触到别人创伤经历的人，如医生、护士、紧急服务人员、心理医生、社会工作者、牧师和动物收容所的工人，风险最高。他们忘记了自己想要帮助别人的初衷是什么。在那些与动物相关的慈善工作中，例如为流浪宠物实施安乐死的收容所，同情心的疲劳现象非常普遍，导致这些收容所工作人员的轮换率高居不下。俄亥俄州坎菲尔德"动物天使"收容和宠物教育中心负责人黛安·雷斯·贝尔德（Diane Less Baird）称，不同于其他类型的慈善工作，把有些动物处死是大多数动物收容所工作的一部分。"你怀里抱着这么多的动物，觉得它们的生命即将逝去，"她说，"而它们并没有摧毁你的生活。"马里兰州安纳波利斯的临床心理学家卡罗尔·布拉泽斯（Carol A. Brothers）在美国范围内开办过针对动物收容所的同情心疲劳专题研讨会。他说，更重要的是，动物避难所倾向于鼓励员工在为动物实施安乐死或拒绝收留被抛弃的宠物时持泰然处之的态度。这些工作人员和其他慈善机构的员工相比，从外界得到支持的可能性要小。卡罗尔说："他们遇到的人会说，'哦，天呢，它只不过是一只狗啊'。"

同情心疲劳的症状类似于创伤后的压力紊乱，它可以使那些在诸如战争、强奸或攻击等事件中挺过来的人备受折磨。他们遇到的常见症状有失眠、烦躁、焦虑、退缩情绪、对某些任务的回避、拒绝与同事交流、无助和无法胜任感，甚至（脑中）反复出现过去遇到的事情等。一些人认为，媒体通过报纸和新闻节目报道大量往往脱离语境的悲剧形象、悲剧故事和遭遇，让公众变得过于愤世嫉俗，拒绝帮助遭受痛苦的人，从而导致了大面积的同情心疲劳现象。

导致同情心疲劳的另一个因素是同情心的满足。心理学家贝丝·赫德纳尔·斯塔姆（Beth Hudnall Stamm）博士将这一现象解释为"对做护理工作感到满意"。①换言之，它是指帮助别人的满足感产生了工作上的压力。在社会工作人员受到身心的伤害之后，很难看到他们继续这项工作，或者尽管面临个人压力还是不愿离开这个领域。我们给世人的关怀，既是最大的风险，也是让他们免于遭受长期创伤的最大保护因素。②

我们从那些幸福快乐的人身上能学到什么？

但是，我们从那些幸福快乐的人身上能学到什么呢？下面是一些我观察到的情况：

1. **他们通过进一步深入自己的事业来获取新的能量。**这是我从非营利性组织的领导们身上看到的最令人惊讶的事情。他们为自己所做的事情而感到幸福快乐。看看电视或打一轮高尔夫来分散注意力只是暂时的选择。他们发现了更多的"动手"的机会来直接体验自己工作的积极成果，或者这些成果把他们带回到了从事这项工作的初衷。

亚洲动物基金会创始人吉尔·鲁宾逊（Jill Robinson），其恬静的举止让人看不出几乎她所有的成年生活都是在为了保护全球的动物而面临可怕的场景中度过。她说："我总是说，我们在救熊的时候熊也在救我们自己。"吉尔有时会逃离情感上精心设计的场景，称自己得赶着去见一只

---

① B. H. 斯塔姆. 同情满意和疲劳的评测.

② C. R. 里格利. 同情心疲劳治疗［M］. 纽约：布鲁纳劳特利奇出版社，2002.

K. W. 萨克维特尼德，L. A. 皮尔曼. 痛苦转化：替代性创伤工作手册［M］. 伦敦：诺顿出版社.

斯塔姆. 同情心满意度评测.

熊。"我只能撒谎说，'我得去见贾斯帕（Jasper）'。"贾斯帕是一头避难所里的熊。这里的每一只熊都赋予了人类的特征，都有自己的名字。"当它们躺在阳光下的时候，我只是分享着这些熊的幸福。我只是看着它们，懂得我们为什么会在这里。是它们拯救了我们。它们告诉我们为什么我们会在这里。它们有尽情享受生活的习性。它们有着深厚的感情，正如我们所拥有的情感一样深刻和深远，我只是难以承受这样的事实：它们从来不憎恨我们人类过去对它们所做的一切。我们夺走了它们的生命，夺走了它们的青春，夺走了它们的美丽，夺走了它们的选择，然而我们的存在对它们来说并不意味着伤害。一个物种何以如此宽容？"

2. **他们首先照顾自己。**真正快乐的行动主义者在工作之余会去休息、锻炼、做有氧运动，并参加有助于减少压力的其他娱乐活动。

吉尔说，在每一天结束的时候，她都看看电视、喝点啤酒，简单地放松一下。"坦白地说，我不想再看另一个《动物星球》或《国家地理》。我不想看到更多与动物相关的东西，看到动物的残忍，或者看到一种动物被另一种动物吃掉的镜头。我想看西蒙·科威尔（Simon Cowell）在《未定元素》（*X Factor*）或《唐顿庄园》（*Downton Abbey*）里朝人们大喊的情景！"然而，动物从来没有远离她的生活。就在她放松的时间，也是和两只狗摩佩特（Muppet）和图翟（To Zhai）一起度过的。这两只狗是她在地狱般的狗市上救出来的。"它们真是太漂亮了，它们让我每天都充满笑容。"

名模克里斯蒂·特林顿·伯恩斯（Christy Turlington Burns），一直是一个反吸烟及孕产妇健康行动主义者，她说："给予和服务还有另外的一面，那就是非常消耗精力。人们因为渴望帮助别人被吸引到这个领域，然而却被这个系统弄得精疲力竭。我并没有经常感觉到疲惫。我大部分时间很有活力，但是我知道，不懂这行的人，给予可能会对他们的身体产生什么样的影响。你只需要额外注意照顾自己，才能做更多的事情。"

3. **他们知道如何说不。** 我有一个导师曾经教我学会对不重要的事情说"不"，这样就可以对重要的事情说"是"。我也观察到，会说"不"的非营利性组织的领导可以把自己投入精力和时间的事情做得更好。经常说"是"不仅影响了他们当前项目的质量，而且还为不值得做的事情徒增压力。他们不是要做得更多，而是做得更好。这保障了他们能够在做自己选择的事情时保持理智和充满激情。做好事的人往往会感到做越来越多的事情的压力——他们会收到参加这个项目或那个运动的邀请。知道了世界的需求是何其之多，让事情变好的机会是何其之多，会让人感到很难说"不"。保持理智的人会选择量力而行，所以他们能真正贯彻执行，并且知道结果如何。

4. **他们在群体中寻找力量。** 和与你的处境有关的人多接触是非常有帮助的。从同事到宠物，保持一个多样化的社会支持网络，保持积极的心理状态，可以防止二次创伤综合征。健康的领导都在身边建立起了一个支持性群体。他们和教练、导师、同事这些能关照他们、能让他们保持健康的人保持联系。找几个榜样，能互相激励，与他们长期保持热情，对自己所做的事情，是很有益处的。

吉尔说她在自己的团队中找到了力量。她不仅把团队看作是同事和专业人士组成的群体，而且把他们看作很好的朋友。"我鼓励人们诚实说话，然后问他们是否遇到了问题。我总是鼓励公开对话，因为我认为把心中的话说出来，更坚强地往前走，这对我们来说是非常有益的事情。这样做还真起了作用。"她同时也相信呼喊出来的力量。"当你需要这么做的时候，我想你得这么做。我鼓励团队直白地表达自己的心情。当人们该呼喊出来的时候却不出声，我就更担心了。"

5. **他们不会遭受"创始人综合征"，他们并不是"事业"。** 许多非营利性组织的领导遭受到所谓的"创始人综合征"症状，即一个组织的领导（不管是一个还是一群）对自己的组织有很深的归属感和责任感的倾向。这是他们的"孩子"，他们不希望别人插手。在非营利性组织工作的人群中，创始人综合征会导致其巨大挫折和不快感。那些快乐的人则意识到了这一点，所以他们发展强大的团队，即使在没有他们的情况下，该团队也可以很好地发挥作用。这对领导和整个组织的健康至关重要。他们需要保持一种工作以外的身份，他们知道完全把个人和工作角色融合在一起的危险。没有了个人生活和工作的界限，人们最终会把领导看作"事业"，不知道如何用其他的方式与其交往。因此，创始人在工作之外会与别人保持好关系，不吝对其投资。

6. **他们保持幽默感。** 网站"当你在非营利性组织工作"（When You Work at a NonProfit）的创建者们说："我们创建了它，是因为我们认为它会很有趣。当然，幽默是与遭受挫折的人沟通的最好方式，我们也遇到了好多挫折。因此，我们建立（网站）的原因是想突出一些我们不断看到的问题，让其他非营利性组织工作的人分享在这个部门工作的经验。当初我们并不知道它会以自己的方式取得成功。显然，每一个层次都有大量的挫折。我们每周收到200份意见书，20~30封电子邮件，都是讲述他们在自己的组织的工作情况的，他们也感谢我们创建的博客。有几个人告诉我们，这个博客是唯一让他们能度过一天的东西。"

7. **他们专注于自己行为的效果。** 他们与接受帮助者共度时光，看到他们辛勤工作的结果。

凯蒂蔬菜园年轻的创始人凯蒂·史坦利亚诺说："当我失落的时候，我就想所有我帮助的人，想那些没有饭吃的人，想那些排数小时的队才能得到食物的人，想人们必须付出努力才能改变许多人认为理所当然的事。想到我有能力帮助他们，就会让我继续向前。"

　　吉尔·鲁宾逊说："就我个人而言，让我有力量的只是看到我们所做的事情。"等了很久很久，终于看到动物回到自己栖息的家园，吉尔满脸是笑纹，不是皱纹。"我真的、真的很高兴，看到我们给这些动物提供了难以置信的安宁之所。我们有6只熊现在安置在了隔离所，有了存活的机会。这让我非常高兴。我们做到的不仅仅是营救了它们，而且能够获得那里的全部资料，从中获得证据，并用这些证据来终结更多动物遭受的痛苦。"

　　8. **他们考虑的是双赢。**快乐的非营利性组织工作人员不会认为自己处于不断需求的状态，而是考虑能为他人提供什么。国际人口服务组织（Population Services International）高级副总裁凯特·罗伯茨（Kate Roberts）说："发展双赢的想法。否则没有人会帮助你——不然他们图什么？"理查德·洛克菲勒（Richard Rockefeller）说："到了最后，这一切都关乎我们所有的人。渴望所有生命的幸福快乐是一种博爱的冲动。如果你每天都有这样的追求，并且有一个增加快乐感的慈善目标，那是纯快乐的源泉。有一种说法，'种瓜得瓜，种豆得豆'。你朝这个方向走，最终你会得到回报，因为你在与为之付出的一个人、一个群体或者事业联系在了一起。它形成了一个圈，所以与其说是慈善，还不如说它是互惠。"

　　9. **他们知道这就是一种工作。**他们知道，不管喜欢不喜欢，都得每天起床，去办公室（或者户外）。有些日子会很有趣，但有些不会。不可能总是开着四驱车越野冒险。他们知道，无论去的是哪里，都有工作所在地的政策，即使是由善意的人经营的非营利性组织，那里的人也是有缺点的，有自我的，情绪是会有波动的。

　　10. **他们决定是否要签署一份安于贫穷的誓言。**他们中的一些人意识到对工作的热情超过了对任何事情的渴望——包括能赚高薪水和养家的能力。还有一些人知道自己还不太愿意放弃一切。

凯特（Kate）是一位自认为是漂亮鞋子和昂贵旅行的爱好者，曾经在乔治·华盛顿大学公共卫生和卫生服务学院（现在的梅肯公共卫生研究院）的毕业典礼上发表演讲。在这次演讲中，她说："我低头看着脚上的古奇休闲鞋，心里想到买它的钱也许可以供一家人一年的伙食。我真的需要这双鞋吗？可能不！我得怎么做，很清楚。"她是这样谈自己当前在华盛顿的工作的："你可以做到这一切，同时依然拥有你的鞋子！你的鞋子可以不是古奇牌的，但非营利性的职业并不意味着你得完全破产。"

难道不应该对非政府组织工作的满意程度给予奖励吗？"对不起，这是废话。"琼·沙尔温（Joan Salwen）说道。她们家降低了中产阶级的生活标准，这样一来就可以把更多的钱捐出去。"40岁的时候，在保证自己的退休和孩子的教育的前提下，在非营利性部门做一份有价值的工作是非常不错的。但这对人们来说不是一件容易的事。我看到年轻的教师一年挣3.5万美元的薪水来努力养活自己的家庭。没错，我们工作很辛苦。但我们夫妇俩生来就非常幸运。虽然我俩并非来自有钱人的家庭，但我们都出生在美国，都出生在白人家庭，我俩的父母都是老师，所以我们都受过良好的教育。即便降低了生活标准，我们依然是非常幸运的。"

一个王子变成穷光蛋……然后再到王子

2004年，曼哈顿俱乐部的发起人司各特·哈里森（Scott Harrison）离开纽约市的街道，前往西非海岸。"多年来，我在大苹果城①致力于顶级夜总会和时尚活动，大多情况下都自私傲慢地生活着。这让我非常不快乐，我需要改变。"他说。不久，他报名参加了一个名为"慈善船"的流动医院，这是一个在世界上

---

① 纽约别称，译者注。

最贫穷的国家提供免费医疗服务的人道主义组织。在司各特的网站上，他写道：

"一些世界顶尖的医生和外科医生离开了他们的工作单位和令人羡慕的生活环境，为成千上万个没有医疗保健服务的人免费手术。我很快发现这个组织充满了非凡的人。首席医疗官是一个外科医生，他23年前就离开洛杉矶参加为期两周的志愿者服务。他再也没有回去。我得到了船上摄影记者的位置，并立即前往非洲。首先，在亚瑟王朝里做康涅狄格州的美国佬让人感到奇怪。我用市中心14平方米的阁楼换来了一间小屋的双层床、室友和蟑螂；华丽的餐厅被一个供400多人用餐的军队风格的食堂大厅所取代；一个纽约王子，如今和另外350人近距离地住在一起。我觉得自己就像个乞丐。

但一下船，我意识到这次经历有多好。在新的环境里，我完全被自己的照相机镜头聚焦的贫困场景所震惊。我常常抹着眼泪，记录下了以前难以想象的生活和人类的苦难。在西非，我又成了王子。事实上，是成了国王。成了一个有一张床、干净的自来水和食物的人。

我爱上了利比里亚——一个没有公共用电、自来水和下水设施的国家。在麻风村和许多偏僻的村庄，我把眼光投向了全球12亿生活在贫困中的人。这些人靠一年不到365美元的收入生活——我曾经在高级俱乐部里喝一瓶灰雁伏特加就可以消费掉这笔钱，还不包括小费。"

谋生与有所作为并不冲突

排名世界前列的大学，学生们都会经常表达对社会部门工作的兴趣，追随司各特·哈里森的脚步——但都害怕自己会一文不名。和许多职业决定一样，人们都有一个底线，就是对收入稳定的需要超过了对追求有意义事业的欲望。尽管人们对非营利部门的事业满怀敬意，但它在经济收入上要冒风险，尤其是对身负巨额贷款的大学毕业生，或已经习惯于某种生活标准、处于职业生涯中期的专业人士来说，更是如此。

但在世界的某些地区，这一现象正在发生改变。高影响公益事业中心的凯特·罗斯基塔说："幸运的是，现在社会部门的机会越来越多。谋生与有所作为之间不再是一种取舍。要成就一番事业，你不必非得去做一个殉道者。这里有各种各样的机会。你既可以在商业型企业获得优质的生活条件，但同时仍然可以做志愿者、赞助非营利性组织，或确保公司采购承担了社会和环境责任。在哪个部门工作并不重要，无论你是在商业部门还是非营利性机构，都有做善事的机会。"

此外，许多非营利性组织也开始思考如何做到可持续发展。这些组织的董事会都意识到，要成就一番事业，必须考虑如何吸引那些引领他们向前的人。

社会部门≠社会影响

许多人都来找我，说为了获得社会影响，他们想放弃营利性部门的工作。我说不要把社会部门与社会影响混为一谈——我们不一定非得放弃前者才能得到后者。

在非营利性组织工作并不能保证你在日常生活中能找到意义和目的。

许多非营利性组织的工作人员在他们的工作中缺乏目的，发现他们并没有成就事业的感觉。反而，许多在营利性部门工作的人知道他们正在给社会带来影响，并在自己工作的地方找到巨大的价值感。

美国服装设计师和企业家肯尼思·科尔（Kenneth Cole），他的同名时装品牌以其有特色的广告形式而广为流传，其广告内容无所不包，从枪支控制、婚姻平等，到寻求治愈艾滋病的良药等。肯尼思说："这一（社会行动主义的）结果让我感到内心丰富无比。它让我受益良多，也让我的家庭受益良多。它虽然不可量化，但确实给了我更大的目的感和更高质量的存在感。归根到底，（社会行动主义）令人欣慰，不仅在感情上，而且还体现在金钱和职业上。这好极了。它不是一件令人尴尬的事——你既可以养家、谋生，同时又为所在的群体服务，做到与众不同。"

怎样消除焦虑

在普林斯顿大学伍德罗·威尔逊国际公共关系学院、温迪·科普（Wendy Kopp）大四读了一半的时候，她意识到自己在以惊人的速度度过人生，却没有半点成就感。在学校，她一直追求卓越，不停地把时间花在学术和课外活动上。但她并不快乐，所以她开始了灵魂的探索。"在大学的最后一年，我处在极度的恐惧当中。"温迪说。此前，她一直过着非常舒适的生活。她出生在得克萨斯州达拉斯的富人区，读的是一家中上层阶级的学校，在那里，300万美元的足球场上方挂着价值10万美元的记分牌。

"我以前从来没有出现过这种状况——但我意识到自己如此投入这些活动中，却没有想到毕业后做什么。我问自己：我的人生用来做什么？"

只有两件事她是确信的：不管选择做什么，她都会努力工作；无论她的选择听起来多么陈词滥调，她都想确保自己付出的所有努力都是为了"让世界更美好"。

与此同时，她注意到，每一个普林斯顿大学的高年级学生似乎都在申请一个投资银行或咨询管理公司的工作。"我们这一代被称为'自我一代'——至少媒体是这么说的。人们认为我们只是想在华尔街工作，并为自己赚很多的钱。"当时，许多作家都对他们认为充斥在青年人当中的自恋文化进行了批判，这大概是对大萧条中长大的老一代人的自我牺牲的反应。虽然这些批评一直回响在美国大众媒体中，但温迪觉得他们的说法是错误的。"我知道，有很多人申请这些公司，只是因为他们没有看到其他的选择。"

最终，在她寻找有意义的工作的过程中，她开始倾心于教学工作。"我的专业不是师范教育，但在低收入社区教学是我能想到的一件事。"温迪说得那么起劲，好像是做过的十几次激励年轻人的毕业典礼演讲。很难相信，20世纪90年代，在她创建的"美国教育行动"（Teach for America）的非营利性组织起步的时候，她担心自己的性格不适合于时间安排严谨的演讲场合。"其中有些是经过检验有效的，在某种程度上显得有点老套，但有什么能比帮助孩子们实现其真正潜力更重要呢？"她开始找工作，但因为她没有教育学学位，她没有得到任何教学工作。毕业之后，为了确保有一份工作，她极不情愿地按常规申请了一份公司里的工作。

温迪的经历让我想起了我自己。2001年，在马尼拉上大四的我成绩出类拔萃，即将面临毕业。我发现麦肯锡、联合利华等鼎鼎有名的公司请我去高档餐厅和五星酒店吃饭。他们把我和其他成绩好的同学带到我们永远也不可能凭助学金消费得起的地方，并给我们灌输的思想是，作为"名流精英们"（crème de la crème）——他们喜欢这么称呼，我们应该为他们工作，而且只为他们工作。洋溢着理想主义、大胆、过分的天真和些许疯狂，我毕业后的第一年给大一的新生讲授两门课程——一门是代数，另一门是创造过程方面的（我的确申请了麦肯锡的一份工作，但他们拒绝了我）。

"我们为什么不能像投资银行那样积极地招人呢？"温迪说，"我们为什么不像在华尔街一样，在最需要的社区选择教两年的书呢？"出于让美国优秀毕业生把教学当作"该做的事"这样的观点，在她1989年提交的毕业论文中，她提出了创建"美国教育行动"的想法，以强调这一运动在全国的重要性。她的建议是模仿非常成功的和平工作队（Peace Corps），组建一个国家教师团，让大学毕业生去全国各地的城市和农村地区当教师。

显然，6月份毕业的时候，上天没有让温迪成为一位银行家，她提交申请的金融机构，没有一个给她工作的机会。遭到她选择的最后一家公司摩根士丹利的拒绝之后，温迪将自己的真实愿望转化为行动，一步一步走近"美国教育行动"，相信只要有意为之，上天也会为它让路的。1989年6月，她带着3袋衣服和一个睡袋，去了纽约市，找了一间共享公寓的小房间，每个月房租500美元，独自一人在沿第四十四大街和麦迪逊大街一座摩天大楼的办公室里工作，这个办公室是最早的赞助商之一资助的。在那里，她辛苦工作。为了筹集到"美国教育行动"的启动资金，实现12个月之内拥有500名教师团成员的目标，她每天从上午9点到午夜之间寄出数百封信件，打数百个电话。到了1989年8月，她已经雇了4名员工。到1990年4月，温迪和她的团队已经鼓励2500人申请"美国教育行动"组织的教学工作，呼吁大学生为了理想而努力——对毕业之后的计划不要有一点点的犹豫。到了1990年6月，一个由500名大学毕业生组成的教师团加入了"美国教育行动"的行列，开始了推动消除教育不平等的运动。

"我是在追求价值的实现。总体来说，我是一个快乐乐观的人，但我想确保把时间花在我所珍惜的事情上。"温迪说。对她来说，早晨6点起床就意味着是睡懒觉。"我认为在某种程度上，我们都可能在寻找一种方式来实现我们的价值观，把时间花在我们认为重要的事情上。我想我已经找到实现这一平衡的要点。"

三句不离口头禅"我想"的温迪，如今四十来岁，似乎十分理智，不是那种花太多时间体现她的存在的人。我问如何让人生的事业改变了她，又以同样的方式改变了无数人的生活。这个问题让她陷入了沉思。停顿了好一阵子之后，她终于说道："我真的没有花太多的精力担心应该如何对待自己的人生。对于每天所做的一切，我感到非常幸运，也非常满意。这是令人难以置信的殊荣，几乎像梦幻一样。不知怎么的，我很早就发现了自己该做的事情，它有助于将我投入到如今更大的事业，追求有意义的目标。"我遇到过许多的人，有老有少，他们为自己可能没有意义的存在而感到焦虑。我告诉温迪，我觉得她最迷人的地方就是从不把时间花在考虑自己想做什么这个问题上。

她称，对其他想引人注目的人来说，也是如此。"很久以前，我就进行了观察。我花了一些时间去了解'美国教育行动'组织中的一些资深人士，他们已经致力于这项事业10～15年，甚至20年。我意识到自己从来没有和这么充实的人一起待这么长的时间。他们都以这个群体为中心。他们知道自己的工作是为了成就非凡。"她猜想，如果她和选择更传统道路的人待在一起，那么将会体会到这些人更多的苦恼。"当我在校园里遇到那些为是否去'美国教育行动'而举棋不定的大学生的时候，我会想，要是我能帮助他们真正懂得并看到5年乃至10年之后会想什么就好了。"

在回顾自己的教学经历时，我觉得在课堂上和学生们度过的时光是一天当中最棒的。那时，我和一个先是口头上、最终发展到肉体虐待的人在一起，因为我愚蠢地说服自己"我爱他"，所以没有离开。每天早上八点半，我都会激情饱满、怀着目的感走进教室。

我告诉温迪，当我读到"美国教育行动"的教师团证明"我爱我的生活"、"我爱我所做的"、"这是最美好的一年"的时候，我会产生共鸣。但从我见到的情况来说，也有消极的一面。有一次，我自告奋勇给"为马来西亚而教书"（Teach for Malaysia，是"美国教育行动"组织在东南亚的一个分支机构）做演讲，结果被我偶然听到的话所打动。当教师团的成员坐在一所中学临时礼堂里的篮球场地上时，播音员提供了一个紧急求助热线电话号码，说当他们感到不能处理工作上的情感诉求时，可以打电话。

"我不想说太多好听的话，"一直都有条不紊的温迪，用她一贯强烈而清晰的声音说道："这是我曾经做过的最具挑战性的事情。我和许多人交谈过，他们说感到最有压力的是在非营利性组织工作的时候。那个时候，总有更多的事要做。对所有事都满意是不可能的，所以你在得到某些东西的同时，却在不断地追求更有价值的事情。如果致力于我们正在解决的问题的重要性，那么你会一直努力提高标准和要求。"

她说，解决的方法就是建立一种文化，帮助在紧张中工作的人，让他们有支持感。"事实上，我并不是一个人在战斗，我周围有这么多人可以互相支持。没有办法减轻这项工作的压力，但有办法建立一种可以互相支持的文化。"专注工作也是关键。"被工作要求或类似的东西搞得不知所措是很容易的，要把实际工作看成勇往直前的推动力，找到成就感，记住它是这么重要。什么是满足感？它实际上就是觉得自己是所干工作的一部分！"

不久前，温迪见到了艾维·马丁内兹（Ivy Martinez），一位"美国教育行动"组织的教师团成员，他意识到计划确实在实施当中。艾维在加利福尼亚湾地区的圣荷西教五年级。这些孩子表现一直落后，阅读能力只有一年级水平，这与学校的要求严重脱离。同时，温迪的儿子本杰明（Benjamin），在繁华的曼哈顿上西区一所学校读五年级。"艾维是从该学校的四年级开始教起的，她只是有了一个教育她的学生的使命。她下定决心，让这些孩子走向正轨，让他们通过努力考上大学。对此，她付出了巨大的努力。"温迪看望这些孩子的时候，他们正在读一本小说。"他们在进行高阶思维阅读。我意识到，这个班学生的水平已经超过了我自己的孩子及他们班的水平。我看着艾维班上的孩子就领导才能相互之间进行反馈，这是管理圈内的学生每周都要做的。想到我自己的孩子的班级，他们一定会对此窃笑的。"

我又问那些不像温迪和艾维、对自己的道路还比较模糊的人情况又如何。"我只是考虑我自己的旅程，"她回答道："这是那么明显，那么简单。但事实是我在大四的时候满怀恐惧地问自己：我想用我的人生来做什么？对此我真的是忘不了。当时没有任何参数可以参照。我的脑海里是一个又大又宽的开放空间。所以我认为每个人都在问自己，在他们所处的环境里什么最重要，深深地反思之后，从某个地方开始。我想，如果早些时候没有找到我的道路，我的余生将会一直寻求某项事业，从而去追求有意义的人生。因此，我希望每个人都能找到自己的方式，找到更伟大的事业。我想象不到还有什么比这更有成就感的事，或比这更能得到真正幸福快乐的事。"

温迪·科普是"美国教育行动"董事会的创始人和主席。在她的领导下，短短两年之内，"美国教育行动"的近3.8万名参与者，已经参与了全国超过300万名儿童的教育。温迪同时又是"全球教育行动"（Teach for All）的首席执行官和共同创始人。"全球教育行动"是一个全球性的独立社会企业网络，通过招募和发展最有前途的未来的领导者，从而在所在国家扩大受教育的机会。温迪已经获得了许多荣誉学位和公共服务奖。

"美国教育行动"成员由全国优秀大学毕业生、研究生和专

> 业人士组成，在低收入城市和乡村的公立学校执教两年，并成为所有人扩大受教育机会的引领者。该组织的使命是通过招募我们国家最有前途的未来的领导者，发起努力消除教育不平等的运动。该组织的网络包括教师团成员、许多其他部门的工作人员和校友，他们一起帮助消除教育不公平现象。

"超级快乐感"的秘诀

"我所做的一切都是那么简单。人们总是惊讶地说，'我怎么没有想到这一点呢'？我不知道。我想到了，也这样做了，于是大家说我了不起。"孟加拉国经济学家穆罕默德·尤努斯（Muhammad Yunus）教授有点迷惑不解地说。

"它"出人意料的竟然是小额信贷的概念，或者就像尤努斯教授所说的——"把钱借给贫困的妇女"，就因为这个，他在2006年获得诺贝尔和平奖。

我们刚见面的时候是在曼哈顿时代华纳中心的有线电视新闻网（CNN）一个化妆室里。我们肩并肩坐着，互相对着镜子里的影子说话，镜子周围是几十个耀眼的白炽灯。他笑着和我说话，因为要准备另一个电视采访，脸上正有人在给他涂粉。就在前一天，他还在和eBay创始人亿万富翁杰夫·史科尔（Jeff Skoll）一道在会上讲话。在这次会议上，因为他所付出的贡献而获得了福布斯400社会创业终身成就奖（Forbes 400 Lifetime Achievement Award for Social Entrepreneurship），并在观众中引起了雷鸣般的掌声，在场的有包括博诺（Bono）、比尔·盖茨（Bill Gates）和沃伦·巴菲特（Warren Buffett）这些特邀嘉宾。所以，在这狂热的一天之中，在他飞往孟加拉国之前有机会在纽约陪他几个小时，我高兴极了。

　　发展小额信贷的概念"没有火箭科学那样宏伟"，尤努斯教授说，但世界各地的理想主义者给予他的尊重通常等同于宗教领袖和摇滚明星。去年我在新加坡时看到的场景就是这样。在给一个大学做完演讲之后，他被一群理想主义的年轻学生所包围，人们都想和他握手，合影留念。在尤努斯中心（Yunus Centre）网站粗略地看上一眼，就会发现员工名单中的工作人员来自康奈尔（Cornell）、沃顿（Wharton）、达特茅斯（Dartmouth）这样一些难以想象的精英学校。这些常春藤大学毕业生（Ivy Leaguers）宁愿放弃其他地方的高额报酬，加入到他的反贫困之旅。当他因为自己的方法不可避免地为批评所困扰的时候，像史提夫·福布斯（Steve Forbes）这样的人都会站在他的一边说，"这件事是难做"。

　　在化妆师把最后的一点粉擦在他前额上的时候，我在想，是什么让这位满头银发、永远满怀微笑地穿着他标志性的库尔塔衫和尼赫鲁式背心的教授做出了这一举动。一位助手带领我们走出化妆室，到了一间休息室，在那里我们背靠着高高的窗口而坐，窗外是中央公园壮丽的景色，那是闹区里的一片宁静之地。在他给我讲述他的童年时代的时候，我们不时看一眼电视屏幕，上面是他即将要参与的直播节目的镜头。

　　穆罕默德·尤努斯1940年出生于吉大港，这个繁忙的海港就位于今天的孟加拉国。在14个孩子当中，他排行第3，他的父亲杜拉·米亚（Dula Mia）在他们家小二楼的一楼经营着一家生意不错的珠宝店。他的母亲苏菲娅·可敦（Sufia Khatun）是一个强壮、固执却富有同情心的女性，帮他父亲在店里干活——在珠宝出售之前在上面雕饰图案。因为他们俩都没有受过良好的教育，所以对他们来说，让孩子们去上学是一件很重要的事。但除此之外，至于选择什么样的课程、追求怎么样的事业，都由孩子们自由选择。他说："这是一件奇妙的事情。通常父母只是为你做出规划。"特别是在这样一个他从小到大都没有离开的保守社会，真让人难以想象。让他父母高兴的是，年轻的穆罕默德是一个优秀的学生，在学校是一个天生的领导者，而且还多才多艺，喜欢音乐、戏剧和平面设计，而且发现了第一件让他有激情的事：做一个童子军。参加大型童子军集会让他有机会第一次出国旅行。"对于一个小孩子来说，乘坐跨越大西洋的豪华游轮，像自由的贝都因人一样四处旅行，一次非常好的经历。我的父母没有去过任何地方，所以这让我有点逃离感。"他笑着回忆那段美好的经历。

但是，穆罕默德的童年充满了家庭悲剧。他兄弟姐妹中的5个在小的时候就夭折了，他的母亲患精神疾病，苦苦挣扎了23年。尽管他的父亲杜拉·米亚花钱让其接受孟加拉国当时最先进的治疗，但她一直没有恢复。年轻的穆罕默德和母亲非常亲近。他的母亲总是把钱给了向他们求助的亲戚、朋友和邻居。正是他的母亲，在很早的时候就帮助他发现了对经济和社会改革的兴趣。

21岁的时候，他在自己所在的吉大港的院校里得到了一个做经济学老师的岗位。"我一直认为自己是一名教师。我喜欢教书，我认为这将是我一生的事业。"他说。小的时候，他喜欢教他的弟弟们，并确保他们在学校取得优异的成绩。年纪轻轻地就做大学老师，让他站在了同龄人的面前，甚至他们当中的一些人以前就是他的同学，因为成绩差而留了下来。"这让我和年青一代有了新的联系。"在具有创业精神的家庭里长大的他，曾试图建立自己的公司，那是一家包装公司，曾经雇了100名工人，利润也很可观。尽管做生意很赚钱，但他还是想教书。"那不是工作，看到了吗？我并没有把给我带来收入的公司看成我的工作。在我的生活中，我从来没有想过我是在做一份工作。教书是我想做的事情，薪水对我来说只是额外的东西。我从来没有想过这是一种牺牲，我一直在享受这一切。"他说。1965年，他获得了富布莱特奖学金，那是世界上最负盛名的奖学金项目之一。他抓住这个机会，在美国拿到博士学位。在美国的时候，他从另一位老师——尼古拉斯·乔治斯库洛根（Nicholas Georgescu-Roegen）教授那里学到，事情永远不会那么复杂，它们似乎"只是由于我们的傲慢，让简单的问题没有必要地复杂化了"。

随之而来的是孟加拉国乡村银行（Grameen Bank）的历史。该银行是尤努斯教授回到受饥荒困扰的孟加拉国之后不久开办的。在那里，他接受了吉大港大学经济系主任的职位，但意识到他在教学中所传授的华而不实的经济学理论在解决社会问题方面是没有用的。"骨瘦如柴的人开始出现在首都达卡的火车站和公共汽车站，"他在回忆录《穷人的银行家》（*Banker to the Poor*）中写道，"1974年，我开始对自己的讲座产生恐惧。当人们快要饿死在人行道和讲座大厅的走廊里时，我所讲的复杂理论有什么用处呢？"意识到他所教的经济理论没有一个能反映城市大街小巷的现状时，他放弃了教科书式的教学，代之而来的是鼓励他的学生走进农村，力图近距离了解贫困现状。在村里，他采访了一位做竹凳子的妇女，得知她每做一个凳子，都不得不从放高利贷者那里借相当于15美分的钱来购买原材料。在偿还高利贷之后，每个凳子留给她的利润只有大约1分钱。这让尤努斯教授明显地看到穷人陷入了所谓的"金融种族隔离"当中：由于传统商业银行不愿意给贫困人群借几美元或几美分的资金让他们解决基本的生存问题，这些穷人便被放高利贷的人所奴役。受这种荒谬现状的困扰，尤努斯教授决定把自己兜里的27美元借给生活在一个小村庄的42个人——这点钱足够他们购买做生意的原材料了。

"这只是个开始。我从来没有打算做一个债主，我从来没有想过我的微额贷款计划会成为为穷人开设的全国性银行的基础。我真正想到的是解决一个迫切的问题。"现在，基于成立孟加拉国乡村银行同样的原则，他活跃于包括从农业到电信行业的50多家公司。"每当我看到一个问题，就会创建一项业务去解决这个问题。"这会带来"超级快乐感"，他说道。

"超级快乐感？"我问。

"是的，超级快乐感。"

"尤努斯教授。"我这样称他，当然知道在孟加拉国没有人敢用一个教授的名字来称呼他。我告诉他，我很理解他的故事，主要是因为我的祖父母曾在菲律宾建立了一家银行，来为贫困农民提供服务："当一个人在不断地尝试去解决问题的时候，这项事业是不是令人很头痛呢？那么这里的超级快乐感又在哪儿呢？"我问。

"是的，我会告诉你的。"但是，还没等他告诉我，一位制片助理示意他节目马上开始了。他表示歉意，然后出现在了电视屏幕上，和他一起的还有一组工作人员，一位曾制作过关于他的影片的纪录片导演，一位选择为孟加拉国乡村银行工作的哈佛毕业生。我们则观看着这位开朗的教授接受CNN的采访。10分钟后他再度出现在我眼前，我们一起走到外面，钻进了一辆汽车，继续我们的讨论。在乘坐晚上的航班之前，他要和女儿莫妮卡一起共进晚餐。莫妮卡生活在曼哈顿，是一位歌剧歌手。

"一路走来，我很快乐，因为我一直在做我喜欢的事情。人们问我，'你去度假吗'？我会问，'什么是假期'？"他说，对车窗外曼哈顿市中心的景色视而不见。"如果我是个画家，我每天都会画画。你会把它看作工作还是享受？人们想要放松的时候，就去画画。对我来说也是如此。我享受我的工作。"在车上，教授继续为系着安全带的我发表慷慨激昂的演讲，声音大得足以让司机听得清清楚楚。

"生活不只是为了钱。生活意味着我们要设定自己的目标。钱不会成为目标，因为钱是一种手段，不是最终的结果。"他说道。接着又补充说，乡村银行过去30多年的经验已经证明，社会意识可以像贪欲一样燃烧，甚至有过之而无不及。"人和人是不一样的。我们的内心有两样东西：自私与无私。经济理论是基于自私，而不是无私的，"他悲叹道，"经济理论认为，世界上唯一的企业活动就是赚钱的企业活动，而没有别的。"

他说，还有另一种"新型的企业活动——解决问题的企业活动，而不是以赚钱为目的的，我称之为社会企业活动。人们说这是行不通的，说如果没有金钱的刺激经济就会崩溃。我同意金钱是一种可以让公司运转起来的激励方式，但有一点我不同意。金钱不是唯一的激励方式，还有其他激励办法。赚钱让人感到快乐；使别人快乐则让人感受到超级快乐。但你是体会不到的，因为你还没有试过，所以你认为只有一种快乐——赚钱。"

"如果一切像您说的那么好，怎么会有大量的社会工作者感到心力交瘁呢？"我问。

"因为社会工作者没有从事这种业务。我不反对慈善事业，但这比慈善工作更好。慈善是有限的，而它是无穷尽的。它是一台自己运作的机器。即使我不在那里，它依然运转。我一个接一个地创建了许多企业，因为我想解决问题。我一直痛恨无家可归的问题，所以当我还在学校读书的时候，就想长大以后会创造一个企业来解决无家可归的问题。这是我创造的一种自我激励方式。"

"有那么多的人都在寻找生命的意义和幸福。您认为这就是答案吗？"我问。

"是的。这就是答案。我的建议是要进行尝试，从小事做起，看感觉如何。从小事做起。"他笑着说。

"如果我没有获诺贝尔和平奖这样胜人一筹的想法呢？"我取笑他道。

"不，不是这样的，要从小事做起，"他笑着说，"例如，让5个家庭摆脱政府的福利救济。创建一个社会企业，这样他们就不必再靠福利救济过日子了；他们可以独立创业，这样他们就有了自己的企业，诸如此类。如果你成功地把5个家庭从政府福利救济中救助了带出来，那么你可以接下来帮助20个家庭，等等。"他举出了许多适用同样原则解决问题的例子：残疾人、吸毒者、人口贩子、酷刑等。"这很有趣，是一种享受。你在解决人们的问题。我所说的是：找到方法，一点一点来。如果你知道了超级快乐，你就可以决定你想获得哪种快乐，或者把快乐与超级快乐混在一起：既有赚钱的快乐，也有接触人们的生活，改变这个世界的超级快乐。你有能力改变整个世界。你不知道这一点，因为你忙于照顾自己。这部分隐藏在你的深处，因为我们的制度从未让我们接触到它，所以它与我们之间隔了一堵墙。你没有办法透过窗口之类的东西看到它。我现在要做的就是把那堵墙推倒。你的行动这取决于你自己，我不会强迫你那样做。"

当我们走进他要去见女儿的餐厅时，我问他这样不停地工作会不会觉得累。"不，我为什么会呢？我感觉很有力量；我觉得我可以为你做一点的事情。否则，如果我对别人没有用的话，我的生活有什么益处？如果有人说我对他有用，我的生活就是值得的，因为我对其他人有用——否则，生命有何意义？仅仅是吃饭，长身体，最后老死。那不是生活——至少不是人类的生活。"他摇晃着身体，大声笑道，"我的心情总是在跳跃，我总是在跳舞。"

由于他的观念和付出的努力，穆罕默德·尤努斯教授获得了众多的国际奖项，其中包括美国最高民间荣誉"国会金质奖章"。他是联合国基金会的董事之一。今天，孟加拉国乡村银行在国内拥有2564个分支机构，19800名员工，81367个乡村的829万人从该银行获得了贷款。在任何一个工作日，乡村银行都会收到平均150万美元的每周分期付款。借款人当中，97%是女性，97%以上的贷款都得到了偿还，比其他任何银行体系的回款率都要高。孟加拉乡村银行的方法在58个国家的项目中得到了应用，其中包括美国、加拿大、法国、荷兰、挪威等。

第四章

给予是应对悲伤的良药

> 如果你为别人点亮了一盏灯，它也会照亮你的道路。
>
> ——佛陀

"在离开非洲时我意识到，拥有梦想并不是罪。"杰曼·翰苏（Djimon Hounsou）说，他能成为好莱坞一线明星的旅程是不可思议的，他以为这只是会出现在电影里的事。他出生在西非一个植被稀疏的小国贝宁，那是地球上最贫穷的地区之一。在那里"你醒来后做的第一件事就是努力生存"。他是5个孩子中最小的，在他大约10岁时才第一次见到自己的父亲——一位厨师。"那时我的梦想就是逃离这里。因为你每天最大的需求就是让自己生存下去，梦想似乎是一种奢侈品。在非洲，有梦想几乎无异于犯罪。"

为了寻求更好的生活，年仅13岁的杰曼和他哥哥移民到法国学习。但很快，他就辍学了。因为没有毕业证，他找不到工作，成为无家可归者。"我在街上住了几年，为求生存而挣扎着，翻遍垃圾桶以寻找食物，像乞丐一样讨钱，在蓬皮杜中心附近的公共喷泉洗脸。"杰曼，这个黑眼睛、黑皮肤、有着奥运选手强健体魄的男子说。

4年后，当他在街头流浪的时候，他异域的外表给一位摄影师留下了很深的印象，于是他被介绍给了著名时装设计师蒂埃里·穆勒（Thierry Mugler），蒂埃里鼓励杰曼成为一名时装模特。

不久，杰曼便走上了模特之路，在巴黎有了稳定的职业。接下来，他把目光投向了另一个职业——成为一名演员。于是在不会说英语的情况下，他去了美国，出现在麦当娜（Madonna）和宝拉·阿巴杜勒（Paula Abdul）的音乐视频里，并在诸如《比弗利山90210》（*Beverly Hills，90210，ER*）和《阿里亚斯》（*Alias*）这些广受欢迎的电视谈话节目中露面。1997年，当史蒂文·斯皮尔伯格（Steven Spielberg）选定他参演电影《断锁怒潮》（*Amistad*）时，他的演艺生涯进入了高峰。在接下来的几年里，他获得了两项奥斯卡奖提名，成了为数不多的非洲裔名人中的一位，在好莱坞变化无常的世界中赢得了关键性的认可。

我和杰曼在圣莫尼卡海滩（Santa Monica Beach）附近的卡萨戴尔马尔酒店（Casa del Mar hotel）碰面，一起吃午餐。这一天天气晴朗，阳光明媚，在室内几乎也需要戴上墨镜——他就戴着一副。因为他在涉及贫困、暴力和反对奴隶制的电影中扮演的角色而出名，导演经常要求他挥舞着武器，用斯瓦希里语尖叫，并从眼睛里闪现出"疯狂"的光芒。"我看到了成功与失败的两面，贫穷和奢侈的两面。"他说。一次，当他在巴黎无家可归的时候想打电话求救，于是请求一位陌生人给一个法郎以便打个电话。"他看着我，就好像我是人们口中所谓的流浪汉一样，这些流浪汉们总是露宿街头、喝得烂醉。他认为我想要钱去买毒品，因此拒绝了我，但随即又转过身来大笑着说：'我会给你买杯酒，但不会给你一个法郎！'这让我感到奇怪，"他说，"我在街上面临着如此巨大的挑战，急需帮助。却遇到这样令人心碎的事。"我问他家里人是否能帮上忙。"即使有血缘关系也无法保证家庭成员能支持你。我家很穷，一无所有。我想如果连我的直系亲属都不能帮到我，我就真想不出还会有谁能给我帮助。"

当电影奖项蜂拥而至的时候，联合国儿童基金会（UNICEF）和乐施会（Oxfam）便开始找上门来，认为他很有潜力，是在好莱坞有着真正影响力的为数不多的非洲裔演员中的一个，是发展中国家消除贫困与不公正的一个强有力的声音。他们任命他为友善大使，他接受了。2005年，他前往西非的马里参加了一个互惠贸易活动。此后，他为非洲做了一系列的工作。

杰曼坦率地承认，激发他首次参与行动主义活动的因素是"因为你的形象可以成为某种支持者。这并不是说，我对任何主题都很精通。我只是想真诚地将它弄清楚。我并没有深陷其中，因为我有一个强烈的想要帮忙的愿望。有一部分是出于商业方面的原因，一部分是因为我想做一些有益的事"。

在承担乐施会大使的8年当中，他想象不出任何其他方式的生活。"我真的无法理解不把时间用在我认为对我们的事业发展很重要的事情中去的想法。我不能对此熟视无睹。随着时间的推移，我真的明白了给予的价值。"在工作中，他与许多其他行动主义者交上了朋友，其中就包括著名的布拉德·皮特（Brad Pitt）和安吉丽娜·朱莉（Angelina Jolie）。同时，与周围慷慨给予的人相处的经历也已经影响到了其他人。"不管我对他们的事业是否充满热情，你都不可能不受到鼓舞。"

我们在圣莫尼卡初次见面后的第7个月又有了一次交谈的机会。杰曼一直反对南苏丹的武器扩散，此时他刚刚旅行归来，他去的那个国家正在遭受战争的蹂躏，在那里，枪支弹药的自由流动造成的武装暴力，使成千上万的人失去了生命。"这感觉就像是在好莱坞电影里看到的年轻男孩子们携带着AK-47冲锋枪，"已经当上了5岁的儿子父亲的杰曼说，"那景象太令人震惊了。我在想，如果没有离开非洲，我会变成什么样子。"在接下来的几分钟，他热情洋溢地向我介绍了对国际武器贸易协定的需求。我问他对面临的棘手问题是否感觉有压力。

"我的确感到精疲力竭了，我正与之抗争。"由来已久的政治制度预先决定了经济命运，却难以动摇的腐败制度，非营利资金只是用于"维持慈善机构和组织"，而不是用在需要的人身上等，这些都是让他感到不安的问题。对讲述有关非洲主题的影片的热情，让他去了一些电影拍摄场地，它们"很好地再现了那里的环境，让人心碎"。

杰曼还参加了反对气候变化的活动。对于这次经历，他说"让我深切地意识到我们正在通过各种不同的方式伤害我们的星球。但同时，这一认识又使我对生活有点愤世嫉俗。它就如一个诅咒。你无法对它视而不见，也无法假装自己不知道对世界造成的破坏。比如说塑料。我的意思是，我正在竭力避免使用塑料制品。但塑料无处不有，无处不在。"

"那么为什么要不安呢？"我问道。"因为在一天结束的时候，我感到自己所做的那么一点事情最终适当地弥补了这个制度……并且弥补了我们生活的某些方面。你越是苦思冥想，那么，从根本上来说你就越是问题的一部分。在你为自己创造出一个想发生改变的世界的同时，改变就开始了。你肯定不会把思想集中在问题上，而是期待着发生改变。"

为了应对压力，杰曼推荐"沉思静想，提醒自己最基本的需求，并试图保持平和的心态"。作为一名演员，这正如他在每次深入一个新的角色、讲述一个新的故事时清理自己思想的过程一样。"我把它称为'清理锈蚀'。如果你们家有一个供水管道，随着时间的推移，它会变得锈蚀斑斑。你必须以应对世界，平衡自己的生活。不要让自己满身锈蚀。"正如他所说，慈善事业"是一把双刃剑。我对自己所看到的一些情况感到非常悲痛。同时，支持他们又会给你带来情感上的愉悦。它可能是艰苦的工作，但情感上的满足和回报弥补并削弱了任何困难。帮助别人而不是自己，会让你克服困难，勇往直前，那是让人幸福的事。有时它是无形的，但却是令人难以置信的"。

"我最大的快乐便是帮助他人完成目标，"他继续说，"帮助他人获得成功，实现梦想，或是克服困难。在生活中促使他人进步，会收获巨大的喜悦和情感上的回报。我在法国无家可归时，就希望得到这样的一些帮助。"

"你现在的梦想是什么？"我问。

"我的大部分梦想都不再是有关我自己的了。我大部分的梦想就是为非洲人创建一笔遗产。现在有了儿子，那么这种梦想就是创造出让他能够为自己的父亲感到自豪的事情。"

> 杰曼·翰苏因其电影作品《新美国梦》（*In America*）和《血钻》（*Blood Diamond*），成为两度获奥斯卡金像奖提名的演员。他的公司梦娱乐（Somnium Entertainment），正在发展并积极制作出一系列关注非洲的故事片和纪录片。

如何从过去的痛苦中恢复过来

> 我发现，除了其他好处之外，给予行为解放了给予者的灵魂。
> ——玛雅·安吉罗
> （Maya Angelou）

并不是所有人都能摆脱巨大损失带来的伤痛并获得成长。许多人活着，但陪伴他们的是巨大的身体缺陷和精神创伤。一般情况下，25%～30%的遭受创伤者会出现创伤后应激障碍（PTSD），这种状况会持续数月至数年。焦虑、恐惧、抑郁，以及其他症状严重地扰乱着他们的生活。创伤后应激障碍患者中超过1/3的人10年之后可能都无法恢复（甚至那些接受治疗的患者）。①一些人放弃希望，甚至过早地结束了生命，或者出现逃避、退隐、愤怒、物质滥用和从事高风险活动的行为。

---

① R. C. 凯斯勒，A. 桑尼加，E. 布罗米特，等. 全国创伤后应激障碍并发症调查[P]. 普通精神病学文献；第52卷第12号. 1995：1048-1060.

但对成千上万心理受到创伤的人——从战俘到遭受强奸者再到车祸中的受伤者——的最新研究让已经变得麻木的临床医生开始感叹人性快速恢复的能力。一些健康方面的专家指出了最近一些很大程度上被忽视的有关暴力对心理影响的证据：许多遭受创伤的患者得到康复，甚至说生活比灾难发生之前更美好，更有意义。正如尼采所说："但凡不能杀死我们的，最终都会使我们更强大。"苦难这一概念一直以来在文学、艺术、民俗中被理想化为变革与发展，并被赋予真理的要素。

"最重要的一点就是人们能够恢复健康并且继续用自己的生命去做一些令人惊讶的事。"精神病学家桑德拉·布鲁姆（Sandra Bloom）博士说。他开发出了一种对因遭受复杂创伤而导致情感障碍的住院病人进行治疗的"庇护所模式"（Sanctuary Model）。更广一些来说，那些致力于研究遭受飓风或洪水严重破坏的城镇社会心理学家提到了"灾后恢复"模式，即重建社区的过程，以便使其成员比以前更加满意。北卡罗来纳大学夏洛特分校的理查德·泰德斯奇（Richard Tedeschi）说，灾难中幸存下来的人或灾难的目击者在情感上会变得更加强大。人们在经历创伤后可能会以5种方式成长起来：他们可以对生活有更多的感激；深化精神信仰；感觉更强大、更高效；与别人更亲近；追求意想不到的道路。

仅仅经历痛苦和创伤并尽可能远离它是毫无益处的。然而，人们所追求的能帮助他们从过去的痛苦中恢复过来的不寻常的道路是怎样的呢？尽管专家们说，很难预测谁会康复，但他们可以识别出一些能迅速恢复健康的人的区别性特征。这些特征包括，将危机看作挑战而不是问题；以乐观对抗悲观；偏爱与人交往而不是脱离群体。[①]

---

① 特伦斯·蒙马尼. 对于大多数创伤的受害者来说，生命更有意义［N］. 洛杉矶时报，2001-10-07.

　　但是，除了在令人厌烦的环境中试图寻求一线希望，又有哪些因素能让创伤患者通过自己的经历达到个人的成长和幸福呢？曾遭到塔利班分子枪击的诺贝尔和平奖得主马拉拉·尤沙夫赛（Malala Yousafzai）是巴基斯坦的一位女学生，她的勇气及为妇女获得教育平等权而战的决心震惊世界。一位记者曾经这样描述："对于一个经历过如此多的创伤的人来说，她的声音里始终有着掩藏不住的愉快，就好像随时都会咯咯地笑出声来，这太令人惊讶了。"

　　甚至泰德·特纳，这位给联合国捐赠10亿美元的媒体大亨和美国有线电视新闻网（CNN）的创始人，也是一个受到过伤害的人。小时候，他亲眼看到自己的一个妹妹痛苦地死去。他父亲是个具有双重性格的人，经常辱骂并用衣架和皮带打泰德，最终以自杀结束了自己的生命。

　　我在很多人身上见到了共同的做法，这种做法在杰曼·翰苏、马拉拉·尤沙夫赛及本章提到的许多人的故事中也很明显，那他们不会离群索居或忧心忡忡。在这一过程中，这些幸存者不仅从创伤中康复过来，而且实际上也从中成长起来，并进一步发展强大。

帮助的潜在力量

> 祸兮福所倚，福兮祸所伏。
>
> ——老子

"我的儿子彼得在那天早晨9：25的时候还在与他姐姐互发电子邮件，可不知什么原因却突然中断了。所以我不知道发生了什么。我不知道他死亡的具体时间，不知道他遭受了多少痛苦，也不知道他是怎么死的。这3个问题困扰了我很久，而且我永远不会知道它们的答案了。"72岁的莉斯·爱德曼（Liz Alderman）说。她的儿子彼得死于2001年9月11日。当时他正在世界贸易中心参加一个会议，离世时年仅25岁。

"彼得身上发生的事，我一件都没有预料到。他的死留给我的空虚感将永远不会得到填补。我知道他已经死了，但是，所有事情的'永远不会'才刚刚开始。所有的一切都过去了。我永远不会见到他了，他永远不会有一个家庭，永远不会知道结婚的喜悦和痛苦了。他永远不会有未来了。"

在儿子遇难之后，莉斯最初所做的一件事就是把她的狗训练成了一个帮助病人和老年人的治疗犬。"我以前从来没有想过这事，但我需要做一些积极的事情，我也说不清楚怎么会有这个想法。"几个月后，莉斯——这个与一位医生结婚之前曾经做过特殊教育老师的人，全身心地投入到9·11家庭纪念委员会的工作当中，与另一位女性共同担任委员会的联合主席，这位同行也失去了自己的一个女儿，年龄同彼得相仿。"我渴望能为彼得留下点什么，我想看到他的名字被刻在石头上。我知道我必须确保纪念馆的创建是一件有益的、积极的事情。"

然而，这件事发展并不顺利。"这可能是我一生中最令人沮丧的经历了。这涉及金钱、权力、贪婪和政治。他们根本不关心家庭所需要的。事实上，对家庭的所有承诺几乎都没有兑现。"几个月后，莉斯放弃了。她决定为彼得创建自己的纪念馆。"我想留一个纪念，以表明他在这里生活过，我想让这个世界由于他的存在而成为一个更美好的地方。这就是驱动我的力量，它将继续推动我前进。"

最初，她和丈夫还不确定用怎样的方式来纪念自己的儿子。"我们结婚50年来，从来没在任何事情上达成过一致。"她笑着说。他们考虑过为某所大学建起一个操场，或捐赠一批座椅，但又意识到这不是彼得想要的。然后，在2002年6月的一个夜晚，由于数月的哀伤，他们已视线模糊的双眼看到了一段《晚间在线》（*Nightline*）节目，这是一档医学博士理查德·莫利卡（Richard Mollica）的专题节目，他是"哈佛大学难民创伤项目"（Harvard Program in Refugee Trauma）的主任，也是遭受战争影响人群创伤后抑郁和创伤后应激障碍（PTSD）的世界级治疗专家。节目中，他谈到了恐怖主义和大规模暴力幸存者的情感创伤。"像柬埔寨人、伊拉克人、卢旺达人和阿富汗人，跟我们一样，他们的精神遭到了暴力和创伤的伤害。"之后不久，夫妻俩查到了莫利卡博士的行踪。一周后，他们见到了博士本人及该节目的工作人员。"后来，我们一直记得相互之间的谈话，这是彼得去世后我们第一次觉得自己在一个情感上安全的地方。"不久，他们建立了彼得·C. 爱德曼基金会（Peter C. Alderman Foundation）这一非营利性慈善机构，旨在缓解冲突后国家中恐怖主义和大规模暴力受害者的痛苦。

"我一直相信，如果我失去了一个孩子，我永远都无法停止尖叫。而现实是，你不能一直尖叫。你会喉咙发紧，头痛难忍，你的身体不允许你这样做下去。当我们刚创办起这个基金会时，它便成了帮我渡过难关的工作。有那么多工作等着你做，你就不可能在床上躺着；你也不可能整天坐在电脑前哭泣。"他们的家现在已经成了基金会的总部，其中的两个房间分别用来做执行董事和行政人员的办公室。他们的女儿简，担任基金会的首席财务官。一年当中也有实习生加入。

莉斯在工作过程中偶然遇到了一项研究，探讨是什么帮柬埔寨难民建立起了恢复力并减轻了抑郁的问题。她说："这项研究的结尾，他们提出了3样东西——对人们有所帮助的是精神、工作和利他主义。[1]令我感到极

---

① 莉斯指的是20世纪80年代和90年代仅限于对泰国和柬埔寨边境的柬埔寨难民的第一次大规模的流行病学研究。这项研究的结果显示，尽管面对可怕的生活体验，难民仍有保护自己免受精神疾病的特殊能力。从而给难民政策制定者提出建议，应该在难民当中创建支持工作、土著宗教习俗和以文化为基础的难民利他主义行为的项目。

度兴奋的便是利他主义。"

"我们创建基金会并不是为了通过某种方法或形式来帮助自己。但它确实给我们带来了巨大的帮助。虽然它没有带走一点点失去彼得的痛苦——这种痛苦一直存在着。有时我不快乐，我总是与痛苦抗争着；有时我想尖叫，因为痛苦总是挥之不去。有段时间我总想坐在一个无人的角落里吮吸自己的拇指。但基金会带给我的是一种不同的生活。就是这种生活教给了我一些我从来不曾了解的关于自己的事情，这是一个令人难以置信的学习体验。我从来没有想过在72岁的时候，我会不停地工作7天，或一天工作8～10个小时，甚至12个小时。现在我清楚地知道自己很能干，也很坚强。一个全新的世界为我开启。我知道我真的是一个优秀的演说家，我能在上千人面前演讲而不用演讲稿，那真的很惬意；你知道对于上电视这样的事，我能丝毫没有紧张感吗？我们在一无所知的情况下创建起这个基金会。那时我们对基金会这个领域没有任何了解。除了每年给绿色和平组织和国际特赦组织捐献一点东西之外，我们对慈善事业一无所知。我们对精神健康也一无所知。"

莉斯说她活得很充实。她以前常动手做很多事情，比如绘画和建筑制

本书作者和莉斯·爱德曼

图。但自从彼得去世后，她便什么也做不下去了。"我已经把所有那些创造性的活动换成了基金会的创意材料。我设计邀请函、各种卡片、网站等这一类的东西。我不再是从前的自己，永远都不再是了。但现在却有了一个全新的自我。"

我问她为什么会全身心地投入到这些事务之中。顺其自然，或去度假，或是安静地退休，不是要更容易些吗？

"不，对我来说，那绝对是世界上最糟糕的事情。忙着好，忙着简直太好了。我觉得忙着要比其他任何事情都好。如果我只是退休了，那我所能做的一切就是怀念彼得。但我不想这样下去，在我的一生中，我需要做一些有价值的事情。其他一切似乎都是那么微不足道。我看到一些朋友们，他们退休后去佛罗里达，上个健身班，打打网球，这没有什么不好。但对我来说，他们过得没多大意义。"

"你对那些悲伤的人有什么建议呢？"我问。

"第一，你所需要的是悲伤，那就悲伤好了，只要不伤害到你或其他人。第二，忙着很好，的确非常好。第三，做一些有益的事，一些积极的事，并不是非得创建起一个基金会或纪念馆，只是尝试在这个世界上做一些好事。"

"为什么？"

"因为，这会让我感觉更好。这就是原因。没有其他的理由，这是非常自私的。你知道吗，我积极的利他主义是很自私的。不管怎样，对于人类来说我相信这一点。"

我对莉斯说，心理学家认为，"移情利他主义"最终是自私的，因为它使给予者的情感受益。她说，对此她没什么异议，这是绝对真实的。

"我真的相信有些人做慈善是因为这会让他们感觉好一点。我想我们的动力也完全来源于此。我们也许不喜欢这样说，但的确如此。就基金会而言，我想到了自彼得去世后我曾经历过的一切。

"我只是纽约威彻斯特的一个很普通的、中产阶级犹太女人，"莉斯继续说道，"现在我到过非洲的一些地方，这些地方几乎还没人去过。我曾经收养了一个叫杰姆斯的儿童兵。从任何意义上来讲，这并不是真正的收养，但我和丈夫决定尽我们所能帮助他过上更好的生活。他是我们帮助的所有儿童兵的代表，不过他永远都不会知道。我们为他提供住房——他以前住在一个漏水的旧浴室里，并为他购买或邮寄一些绘画所需各种美术用品。我们出资供他上学，但最终失败了。他年纪太大，加之压力过大，他开始酗酒。我们听到这事后，让他退了学，并送他回到基特古姆诊所，最终，我们送他去了一个绘画和工艺品店作学徒，他在那里做得很好。他想开一家自己的店，但我们觉得时机还不成熟。他现在已经成家了，有一个女儿，是一个好丈夫和父亲。我们真的只能通过他的顾问和我们一年一次的非洲访问交流一下。他不会说英语，但当我们看到彼此时总会给对方温暖的拥抱。他觉得我们基金会的工作改变了他的生活。但是正是基金会改变了我的生活，我对我所做的工作感到很开心。"

> 彼得·C. 爱德曼基金会（PCAF）在柬埔寨、乌干达和肯尼亚及世界其他地区经营着7家心理健康诊所网站。该基金会在利比里亚成立了第一个心理健康诊所（Wellness Clinic）。临床网站和他们的社区外展服务用适合当地文化的、基于证据的疗法治愈了创伤后抑郁和创伤后应激障碍的不幸者。彼得·C. 爱德曼基金会与卫生部、当地政府、医疗学校、当地的合作伙伴，以及宗教机构合作，已经培训了一些医生和诊所工作人员，迄今他们接待的患有精神健康问题的人数已经超过10万。

如何应对集体性的悲痛和大众创伤

> 蜡烛虽燃烧了自己，但照亮了别人。
> ——意大利谚语

莉斯·爱德曼和佩特拉·内姆科娃（Petra Nemcova）的故事是不幸的，这不幸既是她们自己的，同时又是共同的。她们深爱的人在两个巨大的灾难中死亡：9·11恐怖袭击事件和2004年的印度洋海啸。对于这两位女性来说，担任领导或承担幸存者倡议的任务使她们在现在和未来创建起了一些积极的东西。

让我们将画面拉远，来看看当她们处于悲痛中的时候，周围正在发生着什么。当群体因遭受民族悲剧、灾难或公众人物的逝去而受到打击时，许多人发现，即使自己不是直接受害者，也会出乎意料地感到悲伤。9·11事件的一位目击者描述自己"无法摆脱灾难中丧生的无辜受害者的面庞。他们的照片随处可见——电话亭上、路灯上、地铁站的墙壁上。所有这一切总让我想起一场大型葬礼"。[①]不管它是幸存者的内疚感还是一种普遍存在的无助的感觉，造成的后果都是相当严重的。那么多人都在谈论着所发生的事情。新闻在不断地更新，愤怒、沮丧这样的负面情绪在灾难之后喷涌而出。你去的任何地方，无论在电梯里还是咖啡馆中，它都是人们谈论的唯一话题。

回想一下上一次公众人物去世的情景，人们是多么迅速而自发地抛撒大束的鲜花、手绘宣传画，以及用小纸条来纪念他。像戴安娜王妃、李光耀或曼德拉这样的人，我们也许只能从很远的地方听到他们的死讯，但还是极想表达那一刻的悲伤。现在网络上出现了纪念馆，并迅速收到了成百上千条评论。在这样悲痛的时刻，我们给予的冲动表明了某些很有效的东西：给予行为帮助我们去应对遇到的问题。

2013的11月我自己感受到了这一点。当时超强台风海燕（Typhoon Haiyan）摧毁了我的祖国菲律宾的部分地区。这是一场有史以来最致命的台风，造成至少6000人丧生。虽然我远在新加坡，但也忍不住对所发生的事感到沮丧，这个国家集体的悲痛所带来的那种枯竭的感觉使我无法专注于自己的工作。整整一天，我甚至无法让自己去回复一些电子邮件，而只

①　皮特·西格蒙德.世贸中心工作人员协助大搜救［J］.施工设备指南.

是锁定美国有线电视新闻网（CNN），持续关注着2415千米以外的灾难。我曾期望自己是唯一有这种感觉的人。然后，我意识到摆脱这种感觉的唯一途径就是行动起来去做些什么。我报名参加了一个志愿者活动，甚至步行去社区中心帮忙打包救灾物资，这都会使我感觉好受些。我知道我正做的事不仅对受难者有好处，而且也有益于自己。因为仅仅通过转换电视频道来分散注意力对我来说是不起作用的。

有关社会、社区和人际关系中的痛苦与成长的研究证实了这一现象。人们发现利他主义和慈善行为有助于自己交一份更积极的有关社会创伤事件的答卷。利他主义可以帮助人们对悲剧做出积极的反应，从而促进个体和社会的整体发展。痛苦与成长可以共存。例如，许多不能在战斗中拯救同伴或民众的退伍军人会给予家庭成员悉心的照顾，或在他们的社区做志愿者，经常悼念那些在战争中死去的人，或强制自己做一些类似的补偿。

下面这段文章选自一项题为"恐怖主义时期的适应力与发展"[①]的研究，介绍了纽约市民C女士的情况。袭击发生时，她在离世界贸易中心不足两千米的地方工作与生活。

　　2001年9月11日世贸中心的恐怖袭击事件之后，C女士遭受了巨大的痛苦和心理动荡。这些经历使她更深刻地认识到个体真实性的意义，并更加感激有意义的生活。她回忆说，9月11日早晨，她正在家里打电话，这时听到头顶上空有飞机的轰鸣声，"声音震

---

① L. A. 莫兰，L. D. 巴特勒，G. A. 利欣. 恐怖主义时代的恢复与繁荣［M］. 创伤、恢复与成长：创伤后应激的积极心理学观点. S. 约瑟夫，P. A. 林利. 新泽西州霍博肯：约翰威立父子公司，2008.

耳欲聋，飞得很低，而且方向不对。当时我注意到了，但我还在通话。"几分钟后，她打开电视机准备看天气预报，但看到了只有电影中才会出现的画面。她把电视声音调大，同时意识到那实际上是"一个大洞，火从世界贸易中心的一个大楼喷涌而出"。她赶紧穿好衣服跑下楼，这时她听到"很多警报声，有史以来听到过的最多的警报声"。接下来的几分钟里，她的几十个邻居聚集在人行道上讨论着发生的事情。她回忆自己一直怀疑地、一遍又一遍地说："我认为你们不对，你们错了，这不可能是真的。"她回忆说："就几分钟的时间，所有的建筑全都变得空荡荡的，人们涌上大街，街道上挤满了人，到处一片混乱。"几分钟后，"我们开始看到大群疲于奔命的人。"C女士记得看到"一大群人，就像马拉松比赛中的参赛者跑过第六大街一样。人们跑着，不停地跑着"。C女士讲述着与那些歇斯底里的人的谈话，他们中的一些人幸运地逃了出来，但他们知道他们的同事生命遭到威胁了，他们吓坏了。"大约过了一小时，更多的人丧生、身体被撕裂，他们流着血、被烟灰覆盖。那是一团巨大的由尘埃组成的黑云，跑出来的人满身都是烟尘。"

经过最初的怀疑后，C女士直接的反应便是解决问题。"我觉得自己需要做点什么，可自己只是茫然无助地站在那里看着眼前的灾难。"C女士描述了随之而来的"越来越强烈的世界末日"的感觉。"无能为力，我们只是站在那里，然后，我从来没有想到过的各种危险开始发生到我身上。天黑下来之后，更令人感到恐惧。我不敢喝自来水。感觉空气不太安全，水也不安全。这一切太可怕了，没有人知道接下来会发生什么。"

9·11事件之后的很长一段时间里，C女士表现出了许多急性应激障碍的症状，如噩梦、失眠、轻度失实症和觉醒过度。这些症状最终消退了。

最引人注目的是她接下来说的话："我的转折点是在非营利性组织工作，因为我知道我正在做一些有益的事。"

利他主义具有讽刺意味。正如美国全国广播公司（NBC News）的国家和国际记者安·克莉（Ann Curry）在紧随而来的纽敦（Newtown）悲剧中发现的那样，有时候，帮助别人是你能做得最自私的事。2012年12月14日，在康涅狄格州纽敦市桑迪胡克小学，亚当·兰扎（Adam Lanza）枪杀了20名儿童和6名工作人员。兰扎先开枪打死了自己的母亲，然后开车到学校。当第一个反应过来的人到达现场时，他朝自己的头部开枪自尽。这是美国历史上第二次最致命的大规模个人枪击案。由于国家正受到这一悲剧的负面影响，安·克莉受到这一经历的启发想出了一个简单的主意，这个主意引起了一系列巨大的、意想不到的善意行为。"想象一下，如果我们为纽敦失去生命的孩子们做20个善举的情形。"她在推特（Twitter）和脸书（Facebook）上张贴讯息。这个想法已经演变成一种病毒般传播的努力，被称为"26个善举"，以此来纪念桑迪胡克小学遇难的学生和教师。"我知道真相，"安说，"如果你做善事，你便会有很好的感觉。这是你能做得最自私的事情。现在，这个国家需要治愈。我认为面对这样的悲剧，唯一能使我们安慰的，就是为此做一些你力所能及的善事。去做一些有益的事吧。"

推广这一思想的各网站提出了多样的、便捷的建议以快速启动善意革命，比如关切地问候陌生人、向过期的停车计时器中投硬币、帮人将婴儿车搬上楼、帮素不相识的人饭后付账或献血等。

来自康涅狄格州瓦林福德的韦恩·哈里曼（Wayne Harriman）说从12

月14日后他感到很无助。"毫无理由地枪杀一个6岁的孩子，你知道……这到底是为什么？我理解不了它背后的原因，我想我们永远也理解不了。"随后，哈里曼听到了有关"26个善举"的活动，决定接下来有机会就表现出随机的善意。在当地的一家饭店，他隔壁的饭桌边坐满了不认识的人，就在他起身付账的时候，他突然想到这正是为他人做点什么的好时候。他说："我转过身说，把这些人的饭钱也一并结算了。"

之后不久，他的妻子帕特·哈里曼也加入了进来。"我需要2个馅饼，可我会买3个，这样我就可以给别人一个馅饼，因为韦恩给我讲过安·克莉及其善举的故事。所以我到结账台付了钱，然后转过身把它给了我身后的女人。"她说。

在纽黑文市，摄影师卡丽莎·范·塔塞尔（Karissa Van Tassel）受到桑迪胡克学校年轻无辜的受害者照片的启发，决定免费为她的客户提供家人的猎影相片。她给他们每个人一张高清的家庭照片，以确保他们每一天对家庭都有美好的回忆。"你甚至都不知道这在每个人心中的意义，只是说我关心别人，我觉得是因为社会创造了这样一种不可抵挡的爱的感觉。在整个过程中，我被所有人正在做的事情深深地感动，我只能说，我在乎。"

一年后，美国全国广播公司报道称这一运动势头仍在。①纽敦居民贝蒂·哈尔奎斯特（Betty Hallquist）在市政厅外发现了装着一袋可可的小信封。信封上写道："善良温暖你的灵魂。"哈尔奎斯特说知道人们通过小小给予的行为继续着"26个善举"，这让她很高兴。她说："我们没有被忘记，我们仍然被关心。"

哈里曼补充说，即使是最细微的行动也会有所帮助，"它不必非得是金钱，而可能是你通常不会去做的一件事，一件对某个人来说并没有期待

---

① 奥德丽·华盛顿. 26个善举继续进行中［DB］. 康涅狄格美国全国广播公司.

过的不寻常的事。哪怕你一天仅花几分钟时间对别人表示善意，这个世界都会有所不同。"

母亲的爱

1991年，畅销书作家伊莎贝尔·阿连德（Isabel Allende）正在西班牙巴塞罗那的一个派对上推出她的一部新作，其经纪人从人群中挤过来轻声对她说，她的女儿保拉已被紧急送往重症监护室。保拉患有一种罕见的遗传性酶缺损症，被称之为卟啉症，其他可治愈性疾病都会引发其并发症。从她陷入昏迷后便再也未曾醒来，一年后，这位28岁的姑娘在母亲的怀里永远离开了人世。

伊莎贝尔于1942年出生于秘鲁首都利马，在智利首都圣地亚哥长大，是智利前总统萨尔瓦多·阿连德的侄女和教女。从她的血统来看，伊莎贝尔的成功是其与生俱来的。但她的回忆录却揭示了她所说的"充满戏剧性"的一生。3岁时，父亲失踪，迫使母亲和伊莎贝尔及她的两个兄弟姐妹搬到智利。她将之描述为"道德性的、有阶级意识并有着严格社会规范"的搬迁。在那里，她母亲单亲的身份震惊了社会。伊莎贝尔也度过了自己不愉快的童年，她认为这也是自己后来成为作家的原因。1973年，长期的社会和政治动荡后，民选总统阿连德在一次军事政变中被推翻，随后自杀（或者说被暗杀，许多人这样认为）。伊莎贝尔意识到自己处于危险之中，于是逃离智利，在委内瑞拉找到了避难所。在那里，她结了婚，继续做着自己新闻工作者的工作，然后成为电视节目主持人、剧作家和儿童作家。

伊莎贝尔说："我们在委内瑞拉过着流亡的生活，我不得不做各种琐碎的工作来养活自己的孩子。"从17岁开始，她就一直不停地工作着。她坐在我对面，穿着蓝色的雪纺连衣裙，涂着红指甲，腰间系着宽腰带，脖子上戴着不显古板的银项链，上面装饰着贝壳色的护身符。我们旁边是一个书架，上面摆满了她自1982年以来写的19部书的多种版本。她的处女作《幽灵之家》（*The House of the Spirits*）一经出版便得到了国际上的关注。在委内瑞拉，她以一系列信件的形式开始写这本小说，这些信是写给其在智利处于弥留之际的100岁的祖父的，她试图以此来保存自己对失去的国家及家庭的记忆。在最初遭到几个西班牙语出版商的拒绝后，这本书成了国际畅销书，被翻译成超过27种语言，并被拍成电影，由杰瑞米·艾恩思（Jeremy Irons）和梅丽尔·斯特里普（Meryl Streep）主演。1987年，生活在委内瑞拉的45岁的伊莎贝尔已是一位以"魔幻现实主义"的传统进行创作而著称的小说家。然而，尽管她取得了巨大的文学成就，但是她的婚姻恶化，并最终以离婚告终。第二年，她在加利福尼亚进行采风的途中遇到了她的第二任丈夫——旧金山的律师威利·戈登（Willie Gordon），于是她便搬到美国和他生活在一起。

"孩子去世时，我异常震惊。"伊莎贝尔说，她有一个迷信的习惯，那便是，她每一本书的动笔时间为1月8日。但到这个日期来临时，她感到极度压抑，甚至考虑不再写作。"我已经被击垮了，但母亲待在我身边，告诉我，'如果你不写，你会死去，所以写点什么吧'。然后，她出了门，说她想在梅西百货买件羊毛衫。她离开了8个小时，我在家哭了8个小时，但在哭的时候我也写下了一些东西。"这成了她又一本新书《保拉》（*Paula*）的开始，在书中，悲痛万分的伊莎贝尔写道："你，保拉，对我来说更胜于我的生命，抑或更胜于几乎所有其他生命的总和。每天都有数百万人死去，有更多的人出生。但是，对我来说，我只看到了你的出生，只看到了你的离去。"

虽然保拉再也没有醒来，但是她似乎仍旧活着。"在这本书出版时，没有人看好它，因为它是一本关于死亡的书。但它确实不是关于死亡的，而是有关家庭和爱的一部作品。"在她所有的作品中，《保拉》成了"热销时间最长、不断再版的一本书，每天都收到读者写来的信件。"她说，同时瞥了一眼身旁满是其畅销作品的书架。随着这本书的销售，钱越赚越多。"我把它放在一个单独的账户里，不想去触碰它，因为我不想让任何人觉得我是在从女儿的死亡中赚钱。"

随着《保拉》带来越来越多的收益，悲痛的伊莎贝尔拼命想找到什么方法以尊重对女儿的记忆，但她想不出具体的办法。"我想我可以建造一座大教堂，但这对她并没有什么意义。所以我打算做一些她本来要做的、对她来说有意义的事。"保拉去世近4年后，伊莎贝尔还是无法摆脱心中的悲痛，她担心之后很多年自己都无法继续自己赖以维持生活的小说创作。她的丈夫威利认为是时候休假了，这次准备去印度休假。保拉曾经去过这个国家，她曾告诉伊莎贝尔："对作家来说，那是最丰富的灵感来源。"起初，伊莎贝尔并不想去那里。在最新的回忆录中，她写下了旅行之前的感受："我想我受不了传说中印度的贫困、受灾的村落、饥饿的儿童，九岁的女孩被卖出去早早结婚、强迫劳动，或者做妓女。"

但是，他们还是去了印度，在那里，威利沉迷于照片的拍摄。一整天的旅行和拍照使伊莎贝尔和威利筋疲力尽。于是他们停下来，与当地的印度司机找了个村庄休息。当时已近日落时分，远处干枯的田野上一棵孤独的相思树下有一群妇女和孩子。这些妇女身穿破旧的莎丽服，满脸好奇。她们不会说英语，只是热情地微笑着走近这几个外国人，触摸他们的手和脸以示友好，她们对西方的个人空间概念一无所知。由于受到这种非现实体验的触动，伊莎贝尔将戴在自己手腕上的银手镯全部送给了她们。

在伊莎贝尔与她们告别后，其中一个妇女跟过来，送给她一份自认为是礼物的"礼物"，以示对赠予手镯的感谢。"我以为是一捆破布，但当我转身看时，发现那是一个新生的婴儿，又小又黑，还带着脐带。"伊莎贝尔意识到这个女人想把自己的孩子送给她。后来，伊莎贝尔问司机："为什么那个女人要把自己的孩子送给我？"

"那是个女孩儿，谁想要女孩儿呢？"司机说。

就在那一刻，伊莎贝尔想要建立起一个基金会以保护妇女和女童。"我的启示就是：至少我能够在某种程度上帮助妇女和女童，因为增进妇女和女孩的权益真的可以改变世界。"2007年，在TED的演讲中，当她说"我5岁时就是一个热血沸腾的女权主义者——虽然当时女权这个词还没有到达智利，所以没有人知道我到底哪里出了问题"时，观众大笑起来。1996年12月9日，保拉逝世4年后，伊莎贝尔成立了一个基金会，来祭奠女儿。作为一名年轻的女性，保拉在加拉加斯、委内瑞拉的贫民窟做过志愿者工作，那是在日落后连警察也不敢去的地方。保拉永远素面朝天，有着一头齐腰的栗色长发，经常穿着白色棉衬衫和长长的白棉布裙。"她总是拎着一袋书，开着自己的小车出门，我一刻不停地为她忧虑。我无数次恳求她不要去城里的那些地方了，但她没有听，因为她觉得她会受自己良好意图和信念的保护，每个人都知道她是谁。"伊莎贝尔说。

"只有通过延伸和扩大她曾经所做的工作才是纪念她的更好的方式。"

我问她，基金会建立是否缓解了她的悲痛。她回答说："我的悲痛是一种被压抑的悲伤，它一直藏在我的心底，但它是一片富饶的土壤，许多美好的东西正在其中生长。"

模特的给予行为

2003年，在经历了与预想的一样完美的妊娠和分娩后，"珍视每位母亲"（Every Mother Counts）的创始人克莉丝蒂·杜灵顿·伯恩斯

（Christy Turington Burns）经历了可怕的、完全出乎意料的并发症。多亏在纽约市得到了高质量的护理，她很快便恢复了健康。但随着她越来越多地读到有关她身上所发生的事情的资料，她了解到，自己所经历的产后出血情况是全球孕妇的主要杀手，包括在美国，"一次我了解到，每一年世界上有成千上万的妇女死去，我想知道原因。我意识到，如果在我生第一个孩子的地方没有电、没有平整的道路或产科急救，我就不会活下来。"然后，她埋头于人道主义事业，并专注于终结由妊娠和分娩所导致的可预防的死亡活动，尤其对于那些生活贫困的妇女来说。她说："当我得知这些死亡中几乎有90%是可以预防的，我承诺会尽我所能来阻止这些无谓的死亡。"

这并不是第一次克莉丝蒂做出善举将困难变成机会。1997年，她的父亲、美国泛美航空公司的前飞行员，死于肺癌。虽然极度悲伤，但她打电话给美国癌症协会和疾病控制中心，主动帮助他们推出了现在名声远扬的反吸烟运动。在克莉丝蒂的身上，我看到了一个在经历了多次个人和家庭的变故后埋头于慈善的例子。"那时我还没有意识到，虽然我现在意识到了。它在我的生命中出现过很多次。"她说，当时正是春季的一个雨天的下午，她正在纽约市诺利塔区地中海餐厅用餐。

当她款款穿过餐厅的玻璃门时，我首先注意到了那张让人如此安心而熟悉的脸，虽然我只见过她一次。就好像与一个从未说过话但常年都能在走廊里看到其面孔的老同学终于有了一次交谈的机会。当然，这是因为每次在我阅读时尚杂志时，总会在某个地方看到克莉丝蒂的脸。克莉丝蒂在14岁时被一位模特经纪人发现，她说自己从没想过在一个注重年轻人的行业拥有持久的魅力。由于人们普遍持有模特只是一个临时性工作的成见，她一直想做点别的事。"当模特的日子是令人满意的，但我始终知道我想做更多其他的事情，"她说，"去做一些我想做的有意义的事并不是问题。

这一直是我的希望和梦想。虽然在我小的时候，还说不出为什么要这样做，以及怎样去做。"她父亲的死和她后来产后大出血的经历"给了我一个机会，这些事对我的影响太大了，除了将它们说出来与他人分享外，我别无选择"。

"失去父亲时，我已经戒烟了，"她继续说，"但他的死激发我走出去讲述自己的故事，不仅讲述自己努力戒烟的奋斗史，也讲述在我父亲生病期间我对肺癌的了解，以及与吸烟有关的疾病。我想，也许用我作为模特的人格魅力可以使一切有所改变。"在她父亲去世6个月后，一个公共服务公告产生了。"这是一个非常个人化的故事，是一份感言，带有非常情绪化的情感。"克莉丝蒂说，她那小精灵般快速的声音使得悲痛的主题听上去让人感到轻松愉快。"对我来说这一直都是很重要的事，因为它已经将我个人的许多消极因素变成了积极因素。多年来，与父亲一样，我因对烟草上瘾而不能自拔，后来父亲死于肺癌。然后，我便与大家分享我的经验与我所做的抗争，并鼓励他们更好地照顾自己。时至今日，总有人来跟我说由于那场运动他们戒烟了。每当听到人们说他们因为我而戒烟就让我高兴不已。一切都是如此令人满意。我能够重申我对这一事业的承诺，并与那些与之抗争的人团结在一起。这是对我父亲和其一生的赞誉，我真的感到非常自豪。"她说。

"一切还算顺利。我总说它让我坚强地去面对失去父亲的恐惧，面对发生在身体上而又不知道它是什么的恐惧。这是一种感觉自己有用、有目的，以及正与他人保持着某种联系的体验的完美结合，而仅这种联系就让我们双方在那一时刻有着无限美好感觉。"

应对亲人的离去

> 应该给予，
> 而不是忘记。

随着我们亲人离世的时间越来越长，朋友和亲戚们对这个沉浸于悲伤中的家庭与生俱来的同情最终都会消失。亲人离世后的几周里，亲朋们心中可能会充满爱意与同情，但这只会持续几天到几周，因为人们都有自己的事要做。电话和问候逐渐没有了，也不再有邮来的卡片，这时失去亲人的感觉会变得愈发强烈。经历葬礼就已经是巨大的挑战，而随后的数周、数月、数年又该如何挨过呢？

在慈善事业中，人们已经从悲剧中得到了启发，这一点已通过众多以逝者的名义建立起的基金会得到了证明。对逝者的怀念促使幸存的父母去做一些有益于人类的善事，这既保留了亲人的遗愿，同时又维护着父母与孩子之间的联系。父母承受着巨大的悲痛，许多来我这里咨询的父母都曾描述过他们的孩子是如何仍旧活在他们心中的。

哈罗德·布什（Harold Bush）在其儿子6岁时不幸溺亡后，成立了丹尼尔基金会。他写道：

父母的悲痛相当巨大，因此会导致各种严重的精神问题。悲痛者不得不通过众多虚构的故事来面对这一严酷的考验。人们可能会说，时间可以治愈一切创伤。但在丹尼尔离世后的两年中，我的精神情况没有一点好转，反而更加糟糕。我极度沮丧，身心处于麻痹状态。于是我开始研究父母悲痛的临床表现。这样做最主要的原因便是想弄清楚自己是否还能思维，是否还会感觉到生活的美好。临床心理学家们的发现帮助我弄清了一些事情。首先，我的反应是正常的和可预测的。我并没有失去理智，但经历了绝大多数失去孩子的父母的体验。

常见的有：感觉麻木、气短、思维不连贯。经常性环顾四周，感觉丹尼尔随时都会跑过来，这并不是精神疾病的征兆。

　　我所听到的另外一个不良建议是"对已逝去的孩子放手，继续你自己的生活"。这类建议在现代悲痛理论中是有其根源的，这一理论将延续并折磨人的方式看作是病理性的。在《哀悼与忧郁》（*Mourning and Melancholia*，1917年出版）中，西格蒙德·弗洛伊德对哀悼与忧郁做了著名的区分：哀悼是对于失去亲人的正常反应，而忧郁是一种精神疾病。弗洛伊德认为，悲伤的人需要从已故者身上解脱出来，让过去的过去，并制定出一份新的生活规划，让一切重新开始。在弗洛伊德看来，健康的悲伤体验便是，亲人的故去不会在其家人中留下"严重变化的痕迹"。

　　但是丹尼尔的死让我和妻子处于无比激烈与永无止境的变化之中。之后8年多的时间里，我们仍无时无刻不在想念着丹尼尔，拒绝对他放手。目前，临床工作者发现，这不仅是可预见的，而且对死者亲人来说，这可能是更健康的一种方式。几十年来，死者亲属的咨询师极力劝说他们对逝者放手，继续自己的生活。这种方法被称作"切断联系"法。奇怪的是，尽管有大量临床证据显示这会误导人们，但是此种方法仍然很常见。事实上，研究始终表明，家中至亲的人，尤其是孩子，离开人世而使人终身悲伤是很正常的。心理学家逐渐认识到与死者保持联系的重要性。对我来说，我仍然觉得与儿子有着很深的联系，我并不打算切断这种联系。①

这是我们可以从慈善家那里学到的做法。他们建立起以已逝的至亲者

---

① 哈罗德·布什.悲痛中的工作：孩子离去之后［M］.基督教世纪，2007-12-11.

的名字命名的基金会，是为了纪念他们，而不是忘记他们，他们常说："让他们的影响传承下去。"其他一些为纪念死者而建立的著名的基金会还包括：

- 约翰·西蒙·古根海姆纪念基金会（John Simon Guggenheim Memorial Foundation），成立于1925年，由美国商人和政治家西蒙·古根海姆（Simon Guggenheim）和妻子奥尔加（Olga）为纪念1922年4月26日去世的儿子所建。

- 歌手艾米·怀恩豪斯（Amy Winehouse）去世之后，父亲米奇（Mitch）宣布以自己女儿的名字创建一个基金会，来帮助那些想摆脱毒瘾的人。艾米27岁去世，基金会于次年9月14日成立，那一天恰好是她28岁的生日。家人们认为这对"保持对她鲜活的记忆"是很重要的。

- 在英国，2011年3月，芬利·康纳（Finlay Connor）和母亲妮基（Niki）在离伍德伯勒小学几码远的地方遭遇车祸，6岁的芬利当场死亡。之后不久，他父母建立了芬利基金会（Finlay Foundation），主要是为医院、收容所和慈善团体筹集用于购买玩具、游乐设备及高能见度夹克的资金。"芬利基金会给了我目标，我爱它，每当我把为纪念他而筹集的钱捐赠出去时，总感觉他一直微笑着站在我身边。在他很小的时候，他就很慷慨大方并乐于助人。我知道，我们在帮助其他孩子的过程中也得到了快乐，他如果知道会非常高兴的。"妮基说。①

- 2013年7月，在加利福尼亚的萨克拉门托营地，娜塔莉·乔吉（Natalie Giorgi）咬了一口夹心米酥后离世，她不知道米酥中有花生酱。这个13岁的孩子对花生严重过敏，在吃过米酥20分钟后，她开始呕吐、呼吸困难、心脏骤停。随后她被送往医院，在那里去世。为了纪念自己的女儿，并帮助人们认

---

① 基金会帮助了许多沉湎于对儿子的记忆的人［N］.威尔特郡宪报，2014-01-04.

识到食物的过敏反应，路易斯（Louis）和乔安妮·乔吉（Joanne Giorgi）创建了娜塔莉·乔吉阳光基金会（Natalie Giorgi Sunshine Foundation）。基金会的目标就是向人们阐明食物过敏的危害。娜塔莉的父母说，自女儿悲惨死去之后，他们经历了极度的痛苦，现在他们正致力于对其他父母和孩子们在这方面的教育。

这些逝者的父母证明，给予是应对悲伤的有效途径。正如伊莎贝尔·阿连德所说，它可能不一定消除悲伤，但确实给他们以生活下去的力量。亲人的离去变成了人们用某种积极方式回馈他人的开端。

这些故事证实了斯蒂芬妮·布朗（Stephanie Brown）的实验。实验表明，丧偶后不断给他人以帮助（例如，向别人提供工具性支持）预计会在丧失亲人后的18个月中，加速个体抑郁症状的恢复。①

一位年轻女士早年丧父，她希望用以安慰他人，以下是她说的话：

> 在许多情况下我都能积极地利用我父亲的悲惨遭遇。我会把父亲的死告诉那些失去父亲或母亲，或者生命中其他重要人物的人，以引起共鸣，这样他们便会感觉更加安慰而信赖我。然后，情况发生了变化，由于对我的信任，那些经历了丧亲之痛的人开始向我倾诉。这的确是一份绝妙的礼物，能够给予真是我的福分。也许这便是促使我去危机干预小组和调解小组这样的团体做志愿者的原因。我确信它对我产生了影响，我希望今后做社会工作，并正在申请社会工作方面的硕

---

① S. L. 布朗，R. M. 布朗. 选择性投资理论：重塑密切关系的功能意义 [J] // 心理咨询，第17卷第1号. 2006：1-29.

士研究生。①

为了守住对已逝者的记忆，你不必非得成为名人或著名作家。我们可以从事许多其他的活动来纪念他们，并保持对他们鲜活的记忆。对我们大多数人来说，建立基金会并不是唯一的选择。这里有一些其他的方法：

1．以你所爱的人的名义给一个项目提供资金。例如，你可以捐钱给当地图书馆，根据他们的政策，他们可能会在一个特殊的藏书标签上使用你挚爱的人的名字。

2．想想哪些活动和组织会涉及那些你所爱的人关心的事情。参与其中。在社区基金会或慈善组织、医院、专科学校或大学启动纪念基金的时候，重点关注那些你所爱的人尤其在意的事，比如儿童福利、动物救助或某些医疗状况。

3．如果可能的话，考虑器官捐献。2008年，温哥华综合医院的一位肝病专家埃里克·吉田（Eric Yoshida）医生，分析了对同意亲属器官捐赠的家庭成员的心理产生的影响。研究的其中一个目的就是了解捐赠过程是阻碍还是改善了器官捐赠者家属丧亲之痛的过程。研究结果表明，移植器官提供者的家庭成员表现出较低水平的抑郁症、创伤后应激和悲伤情绪。一位失去儿子的母亲说："每一天，我都会想到他、思念他，但我相信这份思念会带来一些美好的东西。"②

---

① 斯蒂芬·约瑟夫，P. 埃里克斯·林利. 创伤、恢复与成长：创伤后应激的积极心理学观点［M］. 新泽西州霍博肯：约翰威立父子公司，2008.

② S. J. 默钱特，E. M. 吉田，T. K. 李，等. 死者器官捐献对器官捐赠者家属的心理影响探讨［J］// 临床移植，第22卷第3号. 2008：341-47.

面对我们自己的死亡

有时候，我们必须面对的不是所爱的人，而是我们自己的死亡。在2012年年底，山姆·西蒙（Sam Simon）这位天才、长期连续上演的电视剧《辛普森一家》（*The Simpsons*）的共创人，被诊断为结肠癌晚期，只能再活3～6个月。知道自己即将死亡的消息之后，为了让余下的时光更有意义，他一刻也没有浪费，全身心投入了给予的事业。他宣布，把数百万美元捐给动物慈善事业。作为一个爱狗的人，他在2002年建立了山姆·西蒙基金会（Sam Simon Foundation）来拯救狗的生命，丰富人们的生活。山姆创建了被称为"美国最大的狗收容所"，在这里，他给了被遗弃的狗新的生命。他宣布，他将把自己所有的钱用于帮助保护动物和动物权利的事业，确保离世之后他的努力能够得以继续，甚至扩大。在问及他的动机时，山姆回答说很简单："首先是我从中得到了乐趣，我喜欢它。我不觉得这是一种义务。"山姆2015年3月去世，将自己近1亿美元的资产捐给了生前支持过的各种慈善事业。

1992年，亿万富翁乔恩·亨斯迈（Jon Huntsman）被诊断患有前列腺癌。有一天，在去医院的路上，他在3个地方做了停留，每个地方都留下了一张支票。首先，他给一家收容中心开了一张100万美元的支票。然后，他在一个施粥所做了停留，给了他们一张100万美元的支票。最后，他给诊断出自己疾病的诊所留下了一张50万美元的支票。他的慈善捐赠已经把他从代表美国最富有人群的福布斯400强的名单中剔除掉了。

一个叫肯德尔·西塞米尔（Kendall Ciesemier）的女士在与病魔做斗争的过程中也同样发现了幸福和目的。作为一个女孩，肯德尔不是经历了一次，而是两次肝移植手术。在19岁的时候，她创立了非营利性组织"孩子关爱孩子"（Kids Caring for Kids），致力于鼓励年轻人照顾非洲的孩子，为他们提供基本需求方面的帮助：食物、教育、饮水、住房等。近10年来，肯德尔通过在学校、青年团体和服务组织做演讲，激励年轻的听众，让他们迎接挑战，参与进来，共创非凡。她教导年轻人给予的回报，以及如何发现自己的目的感。"服务是我的力量"已成为肯德尔的准则。她不想被别人称为"生病的女孩"。她的基金会给了她一个超越自我的目标。

我问后来被诊断为肌萎缩性侧索硬化症（ALS）的运动装备巨头奥基·尼托（Augie Nieto），在查出病情之后，他是如何从绝望中恢复过来的。在确诊后的90天里，他屈从于长久而缓慢、越来越让人衰弱而又没有治愈方法的疾病，对前景感到十分沮丧，他甚至试图通过吞药来结束自己的生命。"悲伤有5个阶段：否认、愤怒、为什么会发生在我身上、我到底做了什么会遭受这样的报应和接受。在接受之后，你就会准备行动。在轻生的念头过了之后，我和（我的妻子）琳恩（Lynne）决定采取行动，与肌肉萎缩症协会（Muscular Dystrophy Association）合作，创建'奥基的追求'（Augie's Quest）（提供资金用于ALS的研究和药物开发）。正是这项工作，让我备受激励和鼓舞，支撑我继续生活下去。我每天重新思考正常的含义。你可以为你不能做的事情表示遗憾，也可以为你能做的表示祝贺。"

另一位像他这样从困境中走出来的人是我仰慕已久并受到好评的演员迈克尔·福克斯（Michael J. Fox）。自从他20世纪80年代演出情景喜剧《家庭关系》（Family Ties）成为明星以来，深受观众喜爱。随后，他的职业生涯在大银幕上继续蓬勃发展。1996年，他又回到了电视行业，参与《政界小人物》（Spin City）的拍摄。1999年年末，他宣布自己已经与帕金森疾病斗争了8年。他接下来做出了更大的声明，说他将把时间花在为治疗帕金森疾病筹集资金、提高民众意识上。2000年，他发起建立迈克尔·福克斯帕金森研究基金会（Michael J. Fox Foundation for Parkinson's

Research），这个非营利性组织致力于寻求该病的治愈方法的研究。目前，该基金会被公认为世界上帕金森疾病药物研发的最大非营利性组织。虽然他最初的反应是自我怜悯、开始酗酒，但迈克尔最终转向了慈善事业。

当问及他是否会做其他工作时，他说："不，我不会；我绝对不会。因为我现在从事的这条道路是如此的惊人……我会说的是，我放弃了我原来的工作，来做具有我生命意义的工作。"从像迈克尔·福克斯这样的给予者身上，我们听到了这样的声音："我不会选择其他的事。我很快乐。"

其他的人：

• 卡梅伦·科恩（Cameron Cohen）是一位非常年轻的计算机程序员，年龄很小的时候就被诊断出患有骨肿瘤。在做完肿瘤手术，躺在床上休息的时候，他学会了C语言编程，后来给苹果开发出了一个称为iSketch的应用程序，通过它，你可以在苹果生产的设备上画图。后来，为了给儿童生活程序（Child Life Program）筹集经费，他将其捐赠给了苹果应用商店。

• 杰西卡·丽思（Jessica Rees）在被诊断出脑肿瘤的时候只有11岁。有一天，在和父母从她接受治疗的医院驱车回家的时候，她转身问道："其他孩子什么时候回家？"当她得知他们当中有许多人都病得很厉害、不得不留在医院的时候，杰西卡想帮助他们，让他们"更幸福，因为我知道他们也一样会经受很多"，于是她开始做快乐罐（JoyJar）——这些小罐子装满了玩具、贴纸、蜡笔之类的能让孩子们高兴起来的东西。"她对罐子里装些什么十分在意，"她的母亲斯泰西（Stacey）说，"装的东西得酷才行，而且不能是廉价或劣质的。"杰西卡在她2012年1月离世之前做了3000个快乐罐。目前，她的父母正在继续女儿生前的行动。他们成立了杰西卡·丽思基金会（Jessica Rees Foundation），截至2012年年底，该基金会已经把5万多只快乐罐送到了年轻的癌症患者手中。

- 亚历山德拉·"亚历克斯"·斯科特（Alexandra "Alex" Scott）1996年出生于康涅狄格州，在她第一个生日前不久被诊断出患有神经母细胞癌，这是一种儿童癌症。医生告诉亚历克斯的父母，即使她战胜了癌症，也不容易学会走路。到了第二个生日的时候，亚历克斯就能爬了，并能在双腿的支撑之下站起来。2000年，在4岁生日的第二天，她接受了干细胞移植。她告诉母亲想开柠檬汁小摊来筹钱，"帮助其他孩子，就像他们帮助我一样"。她的第一个柠檬汁小摊筹集了2000美元，并由此建立了亚历克斯柠檬汁摊基金会（Alex's Lemonade Stand Foundation）。勇敢与癌症抗争的同时，亚历克斯活着的时候一直在她家的前院继续经营柠檬汁摊位，最终为癌症研究筹集了超过100万美元。2004年8月，亚历克斯离开人世，年仅8岁。今天，亚历克斯的柠檬汁摊基金赞助了一个全国性的每年6月举办的周末筹款日，被称为"柠檬汁日"（Lemonade Days）。每年，有多达一万名志愿者在2000多个亚历克斯柠檬汁摊位为身患癌症的儿童服务。

首先照顾好自己

> 悲伤之初，转移情绪只会让自己更受刺激。必须等你慢慢消化它之后，才能用快乐驱散它的残余。
> ——塞缪尔·约翰逊（Samuel Johnson）

通过给予找到幸福并不是意味着在遭受困境之后，不管是痛苦的经历、亲人的死亡、集体悲伤还是自己必死的命运，就立刻去帮助他人。心理学家们说，治愈创伤经历的关键是首先实现个人安全目标的"第一阶段"——真正的自我关照及健康的情绪调节能力。我们必须给自己悲伤的时间。我曾遇到过许多客户，他们的愿望是纪念自己逝去的亲人，在和他们的谈话中，我注意到了一些现象。一个是，它几乎从来都不是在亲人死亡之后马上发生，有时数月甚至数年都没有一个时间表。我与他们大多数的谈话都是发生在他们所爱的人死后几年。有些人，如慈善顾问、皮尔斯伯里帝国（Pillsbury empire）继承人特雷西·加里（Tracy Gary），能够在个人悲剧发生后立即去做。2005年夏末的一个早晨，当世界到处充斥着遭受卡特丽娜飓风（Hurricane Katrina）破坏的新闻时，特雷西备受心理上丧失感的打击——她母亲在与疾病漫长斗争之后，也于这一天离开了人世。经受身边发生的一切的同时，特雷西全身心地投入到了卡特丽娜飓风救灾工作当中。她说："我们的家人认为，这是从个人悲伤中恢复过来的最好方式。"她说。

人们会经历一系列的悲伤感——拒绝接受、讨价还价、沮丧和愤怒——重要的是让这些情绪自行发展，并首先照顾好自己。

就连禅宗和尚也同意这样的观点。为了弄清给予行为如何帮助我们应对自己面临的挑战，我去了曼谷，去找禅宗大师、和平与人权行动主义者一行禅师（Thich Nhat Hanh）领导下的僧侣们。我问这些僧侣，如果一个人感到不快，帮助别人是否可以让人快乐？他们的回答是："先照顾好自己。"一行禅师说过："我们要做的第一件事就是回到自己。我们必须认识到，首先照顾好自己。这就像在飞机上的时候，你必须首先给你自己戴氧气面罩，然后才给孩子戴一样。我们必须照顾好自己才可以照顾别人。如果你不能够照顾自己、养活自己、保护自己，就很难照顾别人。"

一旦条件成熟，问问自己，萦绕在你心头的是什么。再回顾回顾。帮助别人度过困难时刻，无论这种困难时刻是不是和你经历过的一样。在你采取措施照顾自己之后，再去帮助别人。悲伤也许不会消失，你也可能无法从疾病中恢复过来，但你会回到原地，有一个重新生活的理由。当你面对生活中最糟糕的事情，给予会让你有重新微笑的理由。企业家丹·吉尔伯特（Dan Gilbert）的长子出生时患有神经性纤维瘤（NF），这是一种严重的遗传病。丹说："命运有时可能给你发一手坏牌，但我的家人从我们的经历中学到的是，如果你正确出牌的话，可能有很多'伪装的祝福'在某个地方等待着你。倘若我们的儿子出生时没有患神经性纤维瘤，我们将永远不知道这种病，也不会去帮助其他出生时患有这种疾病的孩子。能够在这个世界上付出和帮助他人，我们倍感荣幸。这是一份真正的礼物。"

第五章

家族基金会的力量

1997年9月18日晚，联合国协会（United Nations Association）的年度晚宴上，一群西装革履的外交官和政要聚在纽约泰晤士广场的万豪伯爵酒店宴会厅。当晚，亿万富翁、美国有线电视新闻网络创办人特德·特纳（Ted Turner）获得了环球领袖奖（Global Leadership Award）。

"当时我正在去纽约做演讲的路上，"特纳告诉《纽约时报》记者尼古拉斯·克里斯托弗（Nicholas Kristof），"我在想，我应该说些什么？"

晚宴上，面对目瞪口呆的听众，他宣布将把10亿美元这么大的一笔资金作为礼物，奉献给联合国，这完全出人意料，让大家震惊不已。10亿美元在当时是历史上最重的礼物，我记得当时十几岁的我看着这则消息思考，那是多么疯狂的举动啊！联合会秘书长科菲·安南称特纳"高尚非凡"，该举动改变了慈善事业的现状。特纳的礼物成为现时代引人注目的高姿态和高价给予的起始点，并恢复了诸如洛克菲勒（Rockefeller）和卡耐基（Carnegie）这些伟大慈善家的传统。

此次捐款不是通过以特纳冠名的基金会，而是通过新的联合国基金会给予的，致力于在疟疾、小儿麻痹症、计划生育和气候变化等方面的改观。做出捐赠承诺之后不久，特纳开始发表言论"刺激"诸如比尔·盖茨和沃伦·巴菲特（他们后来发起了雄心勃勃的捐赠承诺活动）这样的亿万富翁来鼓励大额慈善之举。"如果你富有，你将会收到我的信件或者接到我的电话。"他说。特纳2014年完全履行了自己的承诺。

鲜为人知的是，在他为联合国里程碑式的捐赠的7年前，特纳早就创立了家族基金会。作为一名终身的环保倡导者，他创办了致力于保护地球环境恶化和"确保人类生存"的基金会。但是除此外，该基金会还致力于确保与家庭更加团结紧密。他离过3次婚，两次婚姻中有5个孩子，他自己的童年也不堪回首。因此，我在北京听到他在一次演讲中说，他建立家族基金会的一个主要原因是促使他的家人更有凝聚力。

"在特纳基金董事会任职，使我的家人多年以来更加亲密了。"特纳说。他的5个孩子：瑞德（Rhett）、劳拉（Laura）、詹妮（Jennie）、泰迪（Teddy）和博（Beau）都在家族基金理事会任职。

家族慈善事业可以采取多种形式。它可以是非正式的，通过召开家族会议来专门讨论哪些机构值得资助。家族基金会模式为慈善资助提供更正式的框架结构，经常被慈善规模大、经营时间长的家族所采纳。家族企业可选择创办企业慈善项目，在某些情况下，这些项目不仅能体现家族利益，而且与其他的股东（比如员工）利益息息相关。一些家族为他们的家族基金会建立捐赠机制。还有一些家族建立了家庭基金，例如社区基金会的专业中介机构内捐赠者指定用途基金。有时候，家族基金采取的模式不止一种。

为什么家族应一起捐赠?

1. 增强自豪感与凝聚力。

传统富有家庭常常念诗似的用到崇高的词语"遗产"。简而言之，"遗产"指的是一个人被记住的东西，或者能一代代传下去的东西。家族慈善事业有利于形成家族遗产，明确回答像这样的问题：我们的家族代表什么？我的父母和祖父母代表什么？哪些价值观和目的是我们希望一代代超越下去，并通过它们灌输自豪感和传统？当一个家族一起从事慈善事业，就会增加共识、增强自豪感。简单地说，可以是"我们回报给社会"，也可以是"我们为病危的孩子们建起了医院的病房"。

对洛克菲勒家族来说，捐赠成为家族的主要价值观，时间跨越了3个世纪之久，这令人惊讶。该家族的先辈们认为，拥有大量财富，随之也应承担大量的责任，这种思想继续影响着当代人的心态。该家族现在已经到了第7代，并且坚持着每代人都捐赠的传统。难怪他们的名字不仅与巨大的财富同义，而且与巨额慈善同义。

2010年，我遇到一位新加坡富豪，他说："建立正式的捐赠机构会促进家族凝聚在一起，因为他们在一起实践同一个目标，因为他们意识到家族的财富被用到了有价值的事业上，用到了社会的改善上。慈善事业让家族的年青一代对穷人生活的残酷现实有了新的认识，也有利于家族成员了解并感激家族的遗产，让他们意识到拥有多么幸运的财富环境。"[①]

2. 加强家族纽带。

和公园野餐、拼字游戏、家庭假日这些纽带不同，当一个家族一起为了一个崇高的目标——尤其当孩子、父母、祖父母和大家庭一起行动的时候，这种纽带的力量就变得更强大。一次平凡的家宴，如果成为讨论下一轮资助计划的"家族会议"，那么这次家宴一下子就变得不平凡了。一起捐赠能促进夫妻、父子、母女和整个家庭关系的发展。也许，它不能使一个破损的家庭完好如初，但是一定能增强家庭纽带，弥补因为家庭生活周期的原因将子女送到世界各地而产生的距离感。

彭博说："如果你想为你的孩子做些什么，让他们知道你有多么爱他

① 瑞银亚洲家族慈善学院研究［M］. 苏黎世：瑞士联合银行集团，2011.

们，目前为止最好的办法就是资助能够为他们和他们的后代创造更好的世界的机构。长远来看，他们从你的慈善行动中获得的益处要比从你的遗嘱中获得的多得多。我相信现在给慈善机构所做的贡献，不亚于送给我的孩子的礼物。"

世界上最大的健身器材制造商奥基·尼托（Augie Nieto）因患肌萎缩性侧索硬化症（ALS或葛雷克氏症）瘫痪后，他的生活经历了意想不到的转折。他说，自从他和妻子共同参与慈善工作之后，关系亲密了很多。2007年，他创办了"奥基的追求"（Augie's Quest）基金会，积极努力寻找肌萎缩性侧索硬化症的治疗方法。

"因为我交流有障碍，琳恩（Lynne）被迫成为'奥基的追求'的发言人，"奥基说，"刚开始，一起出现在公众面前让琳恩很不自然。因为她比我更注重隐私，所以对她来说有些不自然。我不能说这是她的职业选择，但我要说的是，我再也找不到更好的伙伴了。她给了我无条件的爱。她走出自己舒适的环境，更多地投入到我们正做的事情上。她经常在公众面前发表演讲，和其他有肌萎缩性侧索硬化症病人的家庭交流，让他们的家人加入到我们的行列。大部分患有肌萎缩性侧索硬化症的人，只能活3～5年，但是我们已经活了8年。大部分配偶遇到这种情况早就分手了，但琳恩比以前更加对我不离不弃。"他和琳恩是再婚夫妇，两人在之前的婚姻当中各有两个孩子。"家庭至上。虽然家庭不是一贯都很完美，但我们都在努力。如今，我从未对我们的孩子感到如此骄傲。我会说，在这过去的几年里，我们的家庭关系和婚姻变得更好了。我从未和琳恩如此恩爱。"

琳恩说："我们的婚姻生活从未如此美好。"

3. 为成功做好铺垫。

16次获格莱美奖的音乐制作人大卫·福斯特（David Foster）说，他音乐上的巨大成功受到家庭生活的影响。"记得获奥斯卡奖的罗伯托·贝尼尼（Roberto Benigni）吗？ 他获奥斯卡的时候站起来说，'我想感谢我的父母给了我最好的礼物——贫穷'。我的孩子不会那样说的，因为他们被宠坏了。"的确，富人家的孩子往往会成为纨绔子弟，这成了一种共识。

对富裕家庭来说，一起做慈善事业会减轻孩子继承财产后的负面影响。从移动手机行业赚取巨额财富并签署了"捐赠承诺"的英国商人约翰·考德威尔（John Cauldwell）说："我真不认为给孩子留下大量的财富是明智可取的。我的人生观是鼓励孩子自己赢得成功，自己争取幸福……我也认为，让他们做我大半财富的受托人，根据我的意向书去用这笔钱造福社会，会让他们觉得比把这笔钱花在他们自己身上开心得多。"

父母证实，当孩子们积极参与家族基金的经营过程的时候，参与感让他们有了方向，有了目标感，而且能更广泛地了解他们周围的世界。参与家族基金会为年青一代（尤其是当他们能参与董事会的时候）提供了良好的训练场地，有助于培养他们做财务计划、管理、处理矛盾、做决策和领导方面的技能。年轻的家庭成员开始的时候可以做些诸如调查研究之类的工作，随着时间的推移，可以参与项目的执行过程，最终担任领导角色。

一项2013年美国人高净值和超高净值资产调查表明，对个人的成功来说，"共同的价值观"比金钱更加重要。[①]金融资产并不是富裕家庭追求的唯一资产。许多参与调查的人说，他们从父母身上继承的诸如强烈的职业道德、财务约束和技能、对和睦的家庭所承担的义务以及重视教育等，要比金钱更能让他们走向成功，也更加重要。约1/3人（35%）说，他们的家庭灌输慈善捐助的义务。事实上，2/3的富裕家庭的父母们说，他们宁愿自己的孩子将来有慈善之心，而不是富有。

---

① 2013年美国财富和价值信托透视：高净值和超高净值美国人年度调查 [M]．贝克罗来纳州夏洛特：美洲银行，2013.

查尔斯·科利尔（Charles Collier）在他的著作《家庭财富》（*Wealth in Families*）里列出了成功家庭的最佳做法，包括以下内容：

- 关注家庭的人力资本、智力资本和社会资本
- 把追求每位家庭成员的幸福置于首位
- 致力于加强家庭内部的交流
- 讲述和复述家族最重要的故事
- 建立家族信托基金时建立指导关系
- 齐心协力明确家族的愿景声明

以上情况发生在家庭成员一起做慈善的时候——难怪多年来它引导如此多的家庭走向了成功。

4. 价值观不仅要说出来，而且要体现在行动上。

对试图教导孩子良好的价值观的父母来说，参加家族慈善是一个绝佳的办法。谈论价值观并不需要太费劲或预先计划——父母可以在大家坐下来一起吃饭、做家务、玩游戏、讲故事、做游戏拼图、遛狗或出游的路上与子女展开这样的话题。然而，要让孩子要真正懂得什么是同情心、什么是公正、什么是善待他人、什么是恭敬，以及遵照父母所坚持的其他价值观生活，那么做父母的就需要用行动表现出来。一起捐赠是体现这些价值观、把理论应用到实践的大好机会。

模特娜塔莉亚·沃佳诺娃（Natalia Vodianova）意识到她的孩子卢卡斯（Lucas）、涅瓦（Neva）、维克多（Viktor）和马克西姆（Maxim）这几个从1岁半到14岁的孩子，在富裕和享受特权的环境中成长。她说，做模特"并不难"，仅占了她一小部分时间。"我想让我的孩子们看到，我是一个有工作要做的母亲。如果我不在赤子之心基金会工作，他们将会把舒适的家庭生活和财富上的特权看作理所当然。对我来说，这不好。"

看到母亲戈尔迪·霍恩（Goldie Hawn）花费大量时间打理她的基金会工作，她的孩子们也跟着做慈善事业了。她的女儿、33岁的演员凯特·哈德森（Kate Hudson），在她的基金董事会任职。她35岁的儿子奥利弗·哈德森（Oliver Hudson）在以自己的方式在做慈善工作。"我会在他开车出门的时候，问他，'宝贝儿，你去哪儿？'"后来，她发现儿子去了当地的医院，给医院生病的孩子们朗读。"我感到热泪盈眶。这些价值观你是教不会的，你得身体力行，当然也要把这些价值观说出来，并且表现出从中获得的喜悦，以及对你产生的影响。"正如奥·尼托所说："我相信你能身教胜过言传，我希望孩子们看到你的所作所为！"

慷慨基因

浏览一下世界最富有和最慷慨的人士们的捐赠承诺，就可以证明父母在传承价值观中起到了非常重要的作用。

- 对冲基金巨头威廉·阿克曼（William A. Ackman）在捐赠承诺中说："我认为，慈善之心并不是与生俱来的。我的经验表明，它是从别人身上学到的。在我早期的记忆里，父亲告诫我回报是多么的重要。这些早期的教导在我心里根深蒂固。在我赚到第一笔钱的时候，我就捐出了一部分。"

- 印度最富有、最有名望的慈善家之一阿齐姆·普雷姆吉（Azim Premji）在他捐赠承诺的第一段说道："我的母亲在我的成长过程中产生了最重要的影响。她是一个很坚强的女人，尽职尽责。尽管她是医师，却从未行医，而是把大部分的时光（近50年）奉献给了帮助在孟买建立和运行一家主要治疗小儿麻痹症和小儿脑瘫的慈善医院的事业上。这不是一件容易的事。想要得到资金就很困难，要想组织好一切、有效运转，就更加困难了。然而，她应对所有的挑战，从未退缩，从未放弃自己的追求。"

• 黑石集团（Blackstone Group）创办人皮特·彼得森（Pete Peterson），最终捐赠10亿美元，成立了基金会。他在捐赠承诺中谈到了他的价值观是从父母身上学到的。他父母是贫穷的希腊移民，尽管如此，他们一直以来给"无数敲他家餐厅后门的饥民食物"。

亲爱的沃伦：

我非常愿意这样承诺，将把自己大部分资产捐献给慈善机构。您知道，我现在也正在这么做。

对此我感到非常快乐。这出于以下几个方面的原因。

我的父母是希腊移民，他们17岁来到美国，这之前只受过三年的教育，他们不懂英语，来时几乎身无分文。他们的梦就是美国梦，不仅是为了自己的梦想，而且也是为了孩子们的。

我的父亲选择了别人不愿意干的工作……在联合太平洋铁路潮湿的卡车上刷盘子。他吃住在那里，把挣到的几乎每一分钱都攒了下来。他用积攒的这笔钱开了一家希腊式的餐馆，这家餐馆一年365天，每天24小时营业。为此他经营了25年。在此期间，他一直给希腊贫困的老家寄钱，还给无数敲他家餐厅后门的饥民食物。最重要的是，他想攒钱的目的是为了孩子们接受更好的教育。

从父亲的言传身教中我注意到，他在给予别人的同时获得了巨大的快乐。事实上，对今天的我来说，把钱捐赠给自己认为值得的事业，要比赚钱本身快乐得多。在和其他慈善家交流的时候，我发现这是大家共同的感受。

皮特·彼得森

2010年6月17日

• 洛里·洛基（Lorry I. Lokey）出生于美国大萧条时期，他捐赠了数百万美元的礼物来使高等教育受益（还有1.34亿美元给了俄勒冈大学，3500万美元给了米尔斯学院）。他说："我清晰记得大萧条时期最恶劣的困境是怎样影响我的家庭的。即使在大萧条最困难的几年里，我的父母仍然没有放弃捐赠——捐出他们2200美元年收入的8%。我记得我曾告诉母亲，我们支付不起那么多的钱，但她说，我们必须要和别人分享。我就是这样学会分享的。除了离开斯坦福的头几年，有近20年，我捐出了自己收入的10%。在过去的40年里，我捐出了所有收入的90%以上。"

• 亿万富翁约翰·保罗·德约里尔（John Paul DeJoria）于1970年与别人共同创办了宝美奇（Paul Mitchell）护发产品。他在洛杉矶市区的欧洲移民社区长大。他的母亲曾经告诉他和弟弟，尽管他们只有27美分，但冰箱里有食物，有后花园，他们有幸福感，所以他们应该很富有。有一段时间，德约里尔住在他的车里，挨家挨户推销产品，他说："我6岁那年的圣诞节，母亲带我们去洛杉矶市区大型百货商店，看橱窗里的陈设和饰品。那简直就是对我们的款待。我们看着会动的木偶和绕圈的小火车……真的是非常特别，这增加了圣诞气氛，而且也不用花钱。就在那年，母亲给我和弟弟10分硬币。她告诉我俩，自己留下一半，另一半投到一个摇着铃铛的男人跟前的桶里。我们照做了，然后问母亲，为什么我们要给他10分硬币（那时，10分硬币可以买3个方块糖或者两罐汽水）。母亲的回答是：'是救世军（Salvation Army）帮助了真正需要帮助的人。记住，孩子们，无论你有多少财富，总有一些人比你更需要帮助。不要忘了给予，哪怕只是一点点。'毋庸置疑，我的成年时代一直受此影响。不管是给第三世界国家的数千名孤儿食物、拯救鲸鱼、帮无家可归的人找工作、保护水道、解救失足少女、教阿帕拉契亚地区的家庭如何种植蔬菜并给他们提供种植设备，还是其他值得付出的努力……回馈是一项我想让家人继续参与下去的活动，也是一种乐趣。"

当给予产生爱

1990年，当一名叫理查德·巴特（Richard Barth）的年轻哈佛毕业生周游欧洲的时候，他母亲读到了《纽约时报》里一篇关于"美国教育行动"（Teach for America）的消息。他母亲知道了儿子的人道主义志向，就把这篇文章寄给了他。他立刻回家，并申请了该组织的工作。"他徘徊在我们办公室说，'我真想成为这里的一员'。"1989年创办该组织的温迪·科普（Wendy Kopp）说。

见面8年之后，他俩步入了婚姻的殿堂。现在他们有4个6～14岁的孩子。"'美国教育行动'无疑促成了我们之间的关系。毫无疑问，在面对的首要问题上，我们的价值观和世界观是一致的，这是我们关系的基础。"她边微笑边说，其他的许多人也是如此。"如果知道不仅'美国教育行动'成就了许多婚姻，而且'全球教育行动'（Teach for All）也是如此的时候，你一定会难以置信。假如有具体数据的话，给人的印象就更深刻了。我的意思是有几百对年轻人走到了一起！我们在招聘他们的时候，这些人正值他们事业之初。"她继续说道。"他们中的大多数都是刚从大学里出来，或者毕业仅仅几年的时间。通过'美国教育行动'他们遇到了和自己价值观一致的人，他们同样也承担着严肃的使命。"

《纽约时报》2008年一篇文章（这篇文章在某种程度上是为了感谢他们的结合）称温迪和理查德为"教育界最有影响力的夫妇，象征着年轻的社会企业家阶层力图重塑美国教育面貌的努力"。继在"美国教育行动"之初起到至关重要的作用之后，理查德又投入实施"知识就是力量"（Knowledge Is Power Program）项目。这是一个特许学校网络，旨在帮助成绩差的学生变成好学生。

"美国教育行动"活跃在美国的46个地区以上，而温迪几乎每周都在路上奔波。"我和理查德有两项非常紧张的工作。毫无疑问，对彼此的职业选择，我们相互都很支持。我想到那些我认识的最有压力的人，通常是因为他们的配偶对他们在他们选择的职业中投入的时间、精力或精神空间而表现得不满。我俩的关系当中没有这样的问题。毫无疑问，他非常支持我的这份工作。"温迪说。

她承认，这份工作的强度让她失去了一部分的家庭生活。"他们有时候会问：'哦，你去哪里？你为什么要去那里？'但随后他们就会理解：'哦，这就是为什么你要有这次出行，为什么它对这个世界很重要。'他们思考之后意识到做出选择是有意义的。这并不意味着你不爱你的家庭，我们在这里的原因是我们想让世界成为一个更美好的地方。"在我们交谈的时候，温迪已经准备好和她八年级的大儿子本杰明在放春假的时候一起出行。"我打算去那些'美国教育行动'安排了教师的乡村地区，为的是和我们的团队思考如何才能把工作提升到一个更高的层次。我将带着儿子一起去，我们要去的地方，大部分的美国人甚至都不知道它们的存在——密西西比三角洲的阿帕拉契亚地区及南达科他的印第安人保留地。能让儿子接触到我们国家的真实情况，我感到很幸运。就家庭生活而言，我想我们放弃了一些东西，因为你承担了这些高强度工作的角色。但是比起你所放弃的，你的收获要大得多。"

分享激情

40年前，日内瓦大学当时最年轻的教授克劳斯·施瓦布（Klaus Schwab），看到了聚集欧洲和美国商业及政治领袖来想法办应对全球经济和社会问题的必要性。在他当时的助理希尔德（Hilde）的帮助下，克劳斯于1971年发起了欧洲管理研讨会（European Management Symposium）。

此后，该研讨会更名为"世界经济论坛"（World Economic Forum，WEF），以"改善世界现状"为目标。它的蓝白相间标志成为论坛著名的年度会议上国家元首、亿万富翁、名人，以及其他政治掮客们梦寐以求的快照背景。如今，世界经济论坛一年一度的签名会议已经发展成为常年性的地区论坛，与会者们一起探讨解决诸如气候变化、网络安全、打击腐败和贫困等问题。论坛还为政治上的敌对双方提供了会面机会，搭建增进相互了解，甚至达成和平协议的平台。

希尔德在一次2009年《中国日报》的采访中说："我嫁给了克劳斯·施瓦布，也嫁给了世界经济论坛。"克劳斯后来的确告诉我："我们的私人生活和职业生活从来都没有清晰的界限。尽管面临挑战，我和希尔德一直都热衷于我们的事业。"这对夫妇是世界经济论坛背后的驱动者。论坛在某种程度上最初源于以丈夫和妻子为团队的"家庭企业"，希尔德将其称为"我们的生活，我的生活，他的生活"。

世界经济论坛究竟为何物？ 想一想，约旦王后拉尼娅（Rania）、阿尔·戈尔（Al Gore）、比尔·克林顿（Bill Clinton）、比尔·盖茨（Bill Gates）、托尼·布莱尔（Tony Blair）、亨利·基辛格（Henry Kissinge）和纳尔逊·曼德拉（Nelson Mandela）在白雪覆盖的瑞士滑雪圣地待在一起达一周之久。为了获得更大影响，连博诺（Bono）、保罗·科尔贺（Paulo Coelho）和查理斯·塞隆（Charlize Theron）也加入到他们的行列。世界经济论坛并不是戛纳电影节，你也见不到无尾礼服和舞会礼服。着装要求是"休闲便装"。因为瑞士达沃斯没有华丽酒店，即便是超级富有的与会者也住在比他们家储藏室更小的旅馆中。在该周的任何一天，达沃斯宁静的小镇上一下子可以看到菲律宾大亨祖贝尔费尔南多· 阿亚拉（Fernando Zóbel de Ayala）在大清早慢跑，数小时后可以看到英国首相戴维·卡梅伦（David Cameron）在傍晚散步回住处。例如，2013年1月的论坛，汇集了2630名参与者，包括14名诺贝尔奖得主，37位在任首相和总统，还有630名首席执行官，这些首席执行官中大多数人为了得到邀请不惜花费巨资。曾经努力组织过两位大人物之间30分钟电话会议的人，就会知道这项任务多么具有挑战性。

40多年来，克劳斯·施瓦布都致力于把这些人聚集起来，在温度低于零度山区待上一周。难怪《福布斯》杂志称他"毫无争议是世界上最厉害的联络人"。

1938年，克劳斯生于雷根斯堡，这是一座塔楼和铁门林立的城市，坐落在阿尔卑斯德国段山脉的阴影之中。克劳斯在战乱中长大。"我丈夫生于德国，但父母是瑞士人，因此他的眼里有两个世界。他既看到了遭受战争蹂躏的德国，也看到了和平的瑞士。这对他来说很重要。"希尔德说。尽管门关着，百叶窗也拉上了，但我们依旧会被敲门声打断，要求占用希尔德30秒钟的时间来签署文件、确定会谈时间、接收文件等。自始至终，她都彬彬有礼，甚至就像一个慈母，无论我们谈论什么话题，她都停下来，介绍她的团队，感谢他们所做出的优秀工作。"克劳斯致力于德法青年运动，因为最大的摩擦在他们之间，"她继续说道，"这增进了克劳斯的合作感，他让大家聚在一起，他毕生都在做这项工作。"克劳斯接下来补充道："我在战乱当中长大，基于和解的新欧洲这一最重要的问题塑造了我的想法。在创建世界经济论坛时，我看到生活中真正的满足感是做一名全球公共利益的实业家，并为此带来积极的影响——即使是在很小的方面。

达沃斯年会之后不到一个月，希尔德又在紧张地忙碌，因为她即将去秘鲁参加另一个论坛。她带我参观带有天窗的地热建筑，看着它的生态环保特征，她满脸的自豪。这幢最简约的建筑本身只有两种颜色——除了栗棕色木板、石制天花板和地板，其余的都是玻璃。这幢低调的建筑让你感觉这里是很重要的事情发生的场所。希尔德穿着橙色上衣和黑色的裙子，齐下巴的淡金色长发梳得整整齐齐，似乎准备应对总理的随机暗访一样。墙上是带框的照片，都是世界经济论坛上政要们握手的情景；还有彩色的地球仪、地图和来自世界各地的绘画，整个大厅灯光四射，耳边回响着来自世界各地的员工的口音（根据最新统计数据，他们来自55个国家）。我们在走廊里浏览的时候，他们停下来与我们打招呼。希尔德像一位骄傲的母亲，停下来给我做介绍，清楚地知道他们来自哪里，干哪一方面的工作。她承认自己实际上并不在总部任职，而且更愿意在街对面的家里工作。她在一个院子里发现了一个小会议室，于是关上门，拉上窗帘，和我继续讨论。

就一起工作之事，希尔德说："起步非常艰难，一点都不容易。我们一起开始的时候，没有考虑会不会继续下去。它让你们更亲密，尤其是当你们拥有共同的愿望，或者世界观基本相同的情况下。它真的让你们更加亲密。"作为世界经济论坛"创始人"，克劳斯被员工认为是有远见的人。据说，无论他在哪里，办公室的每一个人都会在生日的时候接到他的私人电话。我问他们是否也有休息的时候，希尔德睁大眼睛笑着说："是啊，当然喽，那是我们在家的时候，我们也会谈论普通的家事，的确这样；我们和其他人没有什么区别。"

希尔德称自己是一个"充满激情的家庭主妇"，在家工作和照顾孩子的同时，她最有条件成为丈夫的合作者。"我喜欢做一个家庭主妇，真的——打扫房子、照顾孩子、做饭、料理花园、养狗……我真的很喜欢。不过我有这样的机会来做更多的事情。"她意识到，不是所有的女人都有这样的条件，"我想你可以找到能参与其中的事业，无论是义工还是慈善工作，甚至是一些小事情，或者其他别的。你要做的只是把自己的一些时间投入其中，让自己有成就感。当然，教育孩子也是很有成就感的，即使是看有趣的电影或与其他人进行有趣的讨论对孩子来说也是很重要的，因为在讨论当中会学到很多东西。如果你坐在家里，则不会有这样的好处。你会有其他的观点，我认为它对孩子的教育也是很有好处的。"

虽然他们的孩子一直与世界经济论坛相伴，而且为其工作——儿子奥利维尔（Olivier）在北京为世界经济论坛而工作，女儿妮科尔（Nicole）在决定做其他事情之前已经为世界经济论坛的世界青年领袖论坛（Forum of Young Global Leaders）工作了两年——希尔德说："他们一直都自由地决定自己的生活、自己的命运和自己的职业。有一点是很清楚的，他们不应该也不需要跟随我们的脚步，但是，我们当然会传递我们的价值观。"

> 1971年世界经济论坛在日内瓦成立，是一个非营利性的国际机构，它通过公众与个人合作的方式来改善世界现状，同时，它"团结政治、商业、学术和其他社会领袖，为全球、地区和行业事务的发展而共同协作"。
>
> 施瓦布社会企业家基金会（The Schwab Foundation for Social Entrepreneurship）是1998年创办的非营利性组织，其目标是"促进和培养社会创业，将其作为社会创新与进步的重要催化剂"。每年，该基金会从年度比赛中的众多全球社会企业家中选取20~25位。当前，施瓦布基金会成员超过260名，是世界上最大的社会创业家之一。会员来自世界各地，在许多各种不同的行业工作，但是他们在面临的挑战和特性上有共同之处。该基金会支持彼此之间共享他们的方法，为他们提供与商业、政治、学术和媒体领域很有影响力的领袖们接触的机会。

这些前面的例子虽然都来自非常富有的家庭，但是，要从给予中得到益处，一个家庭并不需要像洛克菲勒那样富有才行。在我孩提时代留下最持久记忆的是母亲细小的慈善行为。记得酷夏的一天，我坐在副驾驶的位置上，母亲正在我们村漫长的没有树木的车道上行驶。她注意到一个女人带着孩子正在大热天里行走，于是她停下车，把他们让进车里。许多年过去了，但我还记得这位受宠若惊的女人不住地感谢母亲，称她是"百里挑一的好人"、是"圣人"的情景。

母亲不止一次做着这样很随意的善事。在我大约9岁的时候，母亲开始远远地注意我所成长的那条街道棚屋里居住的一位乞讨老人。马尼拉是一座两面性的城市，中产阶级居住区附近便是棚户区这样的现象非常普遍。一定是因为这位老妇人看起来忧心忡忡，因此才引起了母亲的注意，她开始常常去拜访这位老人，给她带去衣服和食物。母亲这样坚持了几个月，一直到老人突然神秘失踪。母亲猜测老人可能已经离开了人世。

母亲还为其他人做了许多别的事情。有一年，她在一家孤儿院里庆祝自己的生日。她说，对她来说去孤儿院要比去豪华餐厅庆祝时光的流逝有意义得多。因此，不管发生什么，我一直认为母亲是个好人，我将永远记得她乐善好施的品格。

当我问到施瓦布夫人希尔德，如果一些家庭想做些有影响力的慈善活动，但是他们没有那么多钱，那么她的建议是什么。她的答复是："我们也是一样啊——当我们开始世界经济论坛的时候，我们既没有财富，也没有名望。我在瑞士的富足社会长大，但是我的父母并不富裕。我们只是普通家庭。我一直受到的教育是，如果你想做些什么，想拥有美好的生活，那么，你必须努力去争取。"

克劳斯和希尔德一起工作了30年，最终能够建立他们自己的基金会"施瓦布社会创业基金会"。通过该基金会，希尔德帮助那些没有名气但具有典范作用的社会企业家，让他们有机会接触到国家总统和首相。"只需10分钟，我就可以引荐四五位社会企业家，介绍他们正在做的事情。随后，所有媒体都会参与进来，他们必然会传播这些信息。"

当希尔德注意到一线工作人员的声音还没有纳入达沃斯议程的时候，她决定为此做点什么。"我时常想，有些事情遗漏掉了，那些来自一线工作者的声音，还有那些及时创建组织来直接帮助穷苦百姓的人。我想到了穆罕默德·尤努斯（Muhammad Yunus），他创建了孟加拉乡村银行，但在西方国家很长很长一段时间都不为人所知。"希尔德连珠炮似的说："我告诉我丈夫，肯定有成百上千这样在一线做着类似工作的人。这也是我们用自己的钱建立'施瓦布社会创业基金会'的原因。虽然并不是一大笔资金，但却是一个良好的开始。如果你对某件事充满激情，那么就着手去做吧。"

在《一半的力量：一个家庭决定停止索取，开始回馈社会》（*The Power of Half: One Family's Decision to Stop Taking and Start Giving Back*）一书中，萨尔文夫妇的故事表明，对于一个家庭来说，没有必要必须建立自己的基金会来积极影响家庭成员和社会。

2006年秋季的一天，凯文·萨尔文在朋友家过夜之后，开车带着他14岁的女儿汉娜（Hannah）回家。在他们亚特兰大的家还有大约1700米的一个繁忙的路口，汉娜注意到一辆擦得发光的黑色遮篷奔驰，正好停在一位手拿写有索求食物的纸板、衣衫褴褛的男子旁边。"如果那人的车并没有那么豪华，那位讨饭的人可能会得到一顿饭。"汉娜在他们开车回家的路上说道。

当时，他们家在桃树圈（Peachtree Circle）116号——是一座引人注目的三层楼希腊复古式住宅，屋前的草坪上有大树，屋后有宽大的花园。萨尔文一家买下它的时候，凯文是《华尔街日报》（*Wall Street Journal*）的编辑和记者，妻子琼是全球管理咨询埃森哲（Accenture）公司的合伙人，每年薪水超过50万美元。

当晚萨尔文一家吃晚餐的时候，小汉娜向母亲和哥哥描述了白天看到的对比悬殊的一幕。"这太糟糕了，"她说，"我们应该做些什么才对。"她的父母早就习惯了汉娜的理想主义。在汉娜11岁时，参加了学校的一个叫"城市爱德文彻"（Urban EdVenture）的项目，去了一家亚特兰大458餐馆。这家餐馆给当地流浪汉提供免费食物，并捐出自己的利润。她非常喜欢那儿的工作，整个夏天都待在那里。或许，汉娜也从她父母们的行为受到了启发。早在2002年的时候，琼辞掉了埃森哲的高薪工作，到亚特兰大女子学校做起了英语老师——这个决定让她的薪水减少了95%。与此同时，凯文离开了《华尔街日报》有地位的工作，开办了一家有更多生活目标的杂志。

但汉娜认为她们全家可以更加慷慨。几天后，她再次提起了这个话题。"我不想我的家人成为只是嘴上说说，而没有行动的人，"她说道，"我希望我的家人能成为有行动的人。"于是她的父母问她能不能放弃她所拥有的一些东西。"你想干什么？把我们的房子卖了？搬进一个更小的房子，把剩下的钱全部都拿来做慈善？"她母亲问道。

听起来多么愚蠢和冲动，但是他们家最终就是这么做的。汉娜15岁的哥哥刚开始认为搬家的说法只是开开玩笑而已。但是很快，他们家就把桃树圈的房子出售了，买了一套新房，大概只是之前房子的一半大。接下来的一年，他们研究了数百家非洲非营利性组织，来确定到底帮助哪一家。正当他们的计划付诸行动之时，琼和凯文夫妇发现了孩子身上的变化。关于如何使用资金的讨论演变成了有关癌症治疗、环境保护和国外援助等方面的激烈辩论。"我们在一起花了更多的时间，话题从待办事项转变到反映我们个人和集体价值观的有意义的话题。"凯文说。他们最终决定把80

万美元捐给"反饥饿项目（Hunger Project）"，这是一个致力于帮助人们掌控自己的未来、消除贫困和饥饿的非营利性组织。他们的捐款可以用来资助两个为期5年的项目，帮助两万非洲村民从贫困走向自力更生。

萨文一家的关系自此受到难以置信的影响。正如记者艾米丽·霍勒尔（Emily Hohler）所描述的，"表面上看，父母与孩子之间的关系很有代表性——比如，汉娜因为把面包屑掉在凯文的笔记本电脑上而受到指责；乔因为帮琼洗了澡而受到表扬——但是他们没有其他青少年常有的那种胆怯。"[①]凯文说："我们和别人一样会因房间凌乱、家庭作业没有完成而争吵，但区别是我们现在有了更深的信任，能开诚布公地交流。"汉娜补充道："我是最开心的、最乐观的，这或许是因为我正在做帮助别人的事情。"

为了一个崇高目的一起工作，也许并不能把每件事都做好，但是一定能让家庭成员关注具有深远意义的事情，增强他们之间的纽带。

家族成员的不同意见

> 幸福就是在另一个城市有一个充满爱心和关怀、联系紧密的大家庭。
>
> ——乔治·伯恩斯
> （George Bruns）

记得2011年，我飞到曼谷去帮助一个泰国富二代举办家庭会议。刚开始的时候，似乎我被迎到了天堂——一到达机场，就被迅速带到了曼谷中心的私人绿洲。一个引导员带我走进一片棕榈树和簕杜鹃围绕的僻静场所，最终到达壮观的会议大厅。那里，泰国王室的镀金油画映衬着充满光泽的大木桌。邀请我的家族成员一个接一

---

① 艾米丽·霍勒尔. 一半的力量：汉娜·萨尔文和她的家人是如何把一半的家产捐出去的 [N] // 每日电讯报，2010-03-26.

个出现了。他们是泰国一位非常有权势、受人尊敬的商业领袖的子女和儿媳、女婿，举止穿着无可挑剔。

但令我惊讶的是，会议开始之后不久，我发现他们要我去的原因实际上是想做一个"彩排"。他们想向他们的父亲（一位非常成功但做事专断顽固的企业家）提交一份项目建议书。几年前，他创立了一个基金会，家族成员虽然并不信任，但都期望它成为他们的遗产。孩子们本可以顺从这位威望的家长，但是他的做事方法难以让他们对家族的慈善事业产生激情。在那里，我看到了一个数百万美元的基金会，它本可以成为亚洲最好的基金会，却无法取得进展。

尽管全家一起做慈善可以带来好处，但并不一定会带来完美的家庭生活。这个例子就证明，它也可以变得一团糟。因为反对单打独斗，家族慈善事业就会面临很多的挑战，这种挑战取决于家族成员的参与程度——都是哪些人参与，参与的情况如何等。

冲突是很自然的事。所有人际关系都会有冲突，冲突有很多种情况——一代人与一代人之间、兄弟姐妹之间、夫妻之间等。在很多情况下，当强硬的家长来规定和控制日常工作事项、掌管家族基金会财政大权并希望其他成员顺从的时候，就会出现冲突。老一辈人做事保守，趋向于少花钱、多攒钱，捐款的时候给熟悉的机构等。年青一代也许更愿意在慈善事业上承担风险，想通过他们的捐赠看到更多直接的影响。

家族情况发生变化的时候，困难也会随之而来，结果会导致会员的分工。例如，孩子结婚了，孙子出生了，旁系亲属成员参与进来了。不可避免的是，出现离婚情况的话家庭情况随之会发生改变。一些家庭成员想让每个成员都有平等的决策权，另一些成员只想让直系亲属参与决策等。

我在新加坡看到了类似的例子。一位非常成功的企业家在他的遗嘱上写着要为家境贫寒的学生提供慈善信托。去世之后，他的孙子，也就是他的遗嘱执行人，告诉我："没人想做这个工作，这让我很为难。"尽管他也重视教育，但他的激情主要在于帮助残疾人。

最终，并非所有的家族成员会愿意，或者能够以同样的方式参与慈善。从我个人的经验说，我是从母亲身上学到了价值观——看着她去孤儿院，或者去照顾乞讨的人。然而，我并不能说我们作为她的孩子的也会去做同样的事，或者将其看成快乐的来源，因为我们并没有参与她当时的决策过程。记得在孤儿院里，我坐在我哥哥旁边，感觉自己仅仅是母亲善举的旁观者，自己一点用处也没有。当然，我们很同情那些穷困的女人和孩子，但是我们不知道该做些什么。

如何正确地去做

为什么要以一个家庭为单位去做慈善？管理一个家庭，照顾到每一个人，已经很难了，甚至和家庭商讨度假计划都是一件烦琐的事情。正如前面的例子所证明的，可能会出现问题。难道开一张支票不更容易一点吗？

在《代代做慈善》（*Generations of Giving*）一书中，克林·盖尔西克（Kelin Gersick）对30个长期经营的家族基金会的研究发现，最重视慈善事业的家族基金会在人际关系上的影响力最为积极。"研究的参与者感受到真正的自豪感。没有什么比大家一起迎接艰巨而有挑战性的工作，并获得成功更能让人感受到巨大影响的事情了。在1/3以上的案例中，大家认为家族基金会让大家走得更近，并且保持了跨分支机构、跨地域和跨代的凝聚力。"

通过一些努力，一个家族就可以收获一起做慈善的好处了，无论他们是管理一个有组织的基金会，还是仅仅参与非正式捐助。

互相学习。家庭成员必须认为互相能学习到一些东西，无论年纪或者人生观有多少差异。虽然冲突会让人感到担忧，但它也可以成为创造力的源泉。每一个人都给团队带来独特的视角，每个人都有影响其决策的特有个人经历。家庭成员之间以不同方式了解每个人的个人特征，让大家都清楚，会使团体决策更加容易。每个家族成员的经历、决定和生活方式各不相同，因此，考虑并尊重每个人对团体的贡献，这是非常重要的。大家应该认识到，尽管每个人的兴趣不同，但心里都有总体目标和家族善举想法。在参与到共同的家族目标的同时，为家族成员建立自主资金不失为让每个家族成员实现其自身慈善兴趣的途径。

特德最大的儿子泰迪·特纳（Teddy Turner），回忆起第一次投票时受托人就将他父亲否决的情景。"我们以为那是世界末日，但父亲却认为那是件最好的事情。我想那正是他想要看到的转变——受托人的热情不仅表现在他们对基金会的参与程度，而且还体现在个人的承诺上。"

制定指导方针。认真思考都是哪些人参与到了家族捐赠的过程，每个人承担了什么角色，决策是如何制定出来的，这将会确保每个人在决策过程中都有发言权，都有成就感。确定每个成员分担多少任务有利于让他们清楚彼此的职责，从而让他们更加有效地做出贡献。家族应该确定其捐助机构由哪些人组成，会不会包括旁系亲属、配偶和孙子辈分的成员。阐明如何制定决策，如何处理意见不一致的问题，以及希望家人都做些什么。

做事灵活。每个人的生活都很忙碌，清楚每个人的责任和义务有助于平衡付出多的成员和不太活跃的成员之间的互动交流。让家族成员做事灵活可以让给予行为对每个人来说都更有回报。根据每个人的才华、时间和个人喜好，家族成员的参与程度也应该有所区别。我们所有人都在时间和资源上有自己的个人需求和职业需求，这种需求在一年当中甚至我们的整个一生当中都在发生变化。懂得允许家庭成员在慈善事业上自己决定是去还是留，这样，在他们的生活和职责发生变化时，就不会觉得慈善事业对自己是一种负担。参与时应当发出邀请，但同时制定协议，让每个人自由参与或者退出慈善活动，让大家懂得一起参与捐赠应该是让人感到快乐的经历。

会面和交流。很多家庭发现很难找到机会相聚，是因为要么相隔太远，要么出于工作的原因。家族应当抽空组织实地考察，会见慈善受益人，讨论他们提议的年度捐赠计划，回顾管理问题和更新投资计划。也许这些会面是唯一能让家族成员有机会弄清楚他们一起做慈善的原因，也可以让他们有机会在客观的环境下讨论财务问题、个人目标和心愿。有效交流包括讲述和倾听两个方面。我必须强调一下做好会面计划的重要性，而不能让其自发地进行。

就我个人的经历而言，显然我的母亲和祖父母都很慷慨。然而，他们的慷慨在我们之间变成了难以言说的冲突，甚至是嫉妒，而不是让我们变得更加亲密的东西。没人告诉我们这些孩子为什么要捐赠、什么是捐赠以及捐赠给谁这样的事情。出于对自己成长的城镇里那些不幸的人的义务感，我的父母各自去做自己的善事。他们的善举并没有让他们夫妇俩变得更加亲密。至于我们这些孩子，没有参与过任何决策，也不知道受益人是谁，有时甚至对受益人感到厌恶，因为我们有时认为吃了他们的亏。

后来，我发现在其他家庭里，家人们会围坐在餐桌前，讨论正在参与的慈善活动。让家庭成员互相了解，交流思想和信息，解决问题，这是多么好的方式啊！

让别人参与。家庭成员不需要单打独斗，可以其他人参与进来，和他们一起做慈善工作能够让整个家庭与志同道合的人在一起，这些人可以起到激励和促进的作用。如果父母担心孩子会和坏人混在一起，这不失为一个解决办法。

感到乐趣。原因是什么并不重要——不管是解决世界饥饿问题、减少犯罪、帮助无家可归的人，还是植树造林。如果一个家庭可以找到和每个成员产生共鸣的原因，花时间一起去投入这份事业，那么捐赠的体验会最令人满意。对于父母来说，尤其重要的是确定家庭在做的事情是孩子们实际想去做的。

"我从不强迫任何家庭成员加入基金会，因为我一直认为每个人应当找到自己的生活方式，"英国黑人首富莫·易卜拉欣说："但是我的女儿哈迪勒（Hadeel）反对我的意愿，加入到基金会工作。"哈迪勒目前是易卜拉欣基金会的执行董事，也是其他几个董事会的成员。"这给了我们很大的干劲。"

凯文·萨尔文说："我们希望我们的孩子们都充满理想，但我们会说，'别太失去理智'。我们不是特蕾莎修女（Mother Teresa）。我们不会发誓过贫穷生活，也不会把我们拥有的任何东西都捐出一半。有一样东西我们给出了一半——我们的房子。每个人都可以把某样东西给出一半，好好加以利用。你会对世界做出一点点贡献——但对你的人际交往来说会是让人难以置信的事。"

特德·特纳5个孩子中最年轻的珍妮·特纳·加林顿（Jennie Turner Garlington），把她在家庭基金会中的经历描述为"任何子女都希望得到的最好的机会"。其他兄弟姊妹也分享了父亲对环境事业的热情。博·特纳（Beau Turner）说："我想父亲认为，当他还在大家身边的时候，开始做慈善非常重要，这样他可以看到我们的兴趣也在这里。他也可以看到孩子们很喜欢捐赠事业。"

志愿活动可以为你的家庭带来什么

家庭从社区服务当中可以获得很大的益处。以家庭为单位一起参加志愿活动是大家能够一起共度美好时光的好途径。家庭成员之间可以有机会更多地交流、提高解决问题的能力、了解社会问题，而且可以从新的角度去看世界。志愿活动让家人更加紧密团结，从正常的日常工作之外分享经验，建立新的纽带。通过一起参加志愿活动，父母、孩子和其他亲戚在体验新的活动时彼此更加了解。在此期间，新的友谊产生了，新的兴趣唤醒了，这些都会在家人之间长期持续下去。从根本上说，全家一起参与志愿活动，能对周围的世界做出积极影响，而且也是实践和体现共同价值观和信仰的具体途径。以家庭为单位参与志愿活动尤其能够让孩子们从以下方面受益：

- 让孩子接触到积极的行为榜样。

- 教给他们社会责任。志愿活动有助于让孩子们有同情感，懂得一个人可以有所作为。

- 促进健康的生活方式和选择。参加志愿活动的孩子做出冒险行为的可能性较小。

- 帮助年轻人决定他们在生活中究竟想做什么。

- 促进孩子们的心理、社会和智力发展。增强自尊心、责任感和学习兴趣；帮助孩子们学到新的社会技能。也为其提供学以致用的机会。

- 形成终身服务的道德意识。

　　有很多志愿活动可以让一个家庭很容易去参加。许多学校、非营利性组织和社区团体在一系列活动中，都可以为家庭提供一起参与志愿活动的机会，例如体育培训、乐器培训、看望退休老人，或者参与玩具捐赠活动等。召集全家会议、讨论家庭成员在哪些方面最有兴趣通力合作，不失为一个好办法。比如，清扫环境不仅让家人享受一起待在外面的机会，同时也对社会做了件好事。在收容中心、食物赈济处或者流动厨房做志愿活动，不仅可以在社区帮助有需求的人，也提醒家庭成员，他们能够拥有彼此是多么幸福。如果一个家庭成员决定参加徒走募捐活动或者其他慈善募捐项目，也可以邀请家庭其他成员加入（例如，给体育选手发水或者为晚宴参与者安排节目等）。家庭成员也可以自己创建一些志愿活动，比如帮助年老的邻居清扫草坪上的落叶，或者帮助低收入家庭粉刷房屋等。

家人可以一起参加短期或者一次性的活动。如果有人愿意，他们也可以做一些长期的志愿工作，这对那些寻找可靠的、有奉献精神的志愿者的慈善机构来说，大有好处。而且，当一个家庭参加志愿活动的时候，也给其他家庭树立了好榜样，并且培养了社会责任感，也许还能激励其他人为改善社区生活贡献出自己的时间和技术。

公益旅行

家庭不必脱离自己的社区来做志愿。但对那些有机会这么做的人来说，到国外做志愿活动会成为改变一生的经历，会成为难忘的、有价值的和有责任感的度假机会。家庭成员可以从新的不同的一面彼此了解对方。

"我曾结过3次婚（这是第4次），从来没有真正意义上和孩子们整天待在一起，因为我是个离过婚的父亲。有那样的机会太难了。"音乐制作人大卫·福斯特（David Foster）这么说。当他的女儿乔丹（Jordan）9岁的时候，他带着她和联合国儿童基金会（UNICEF）的成员一起去了非洲。"我们深入营地，路过了所有的旅游区。"时至今日，乔丹依然记忆犹新。她目睹了什么是真正的疾病。后来，在她15岁时去斐济安了家。

夫妻一起去

提醒一句：确定你们俩都是真心想一起出去。仅仅因为出国做志愿活动是你自己的梦想，并不代表那也是你的另一半的梦想。夫妻一起出国做志愿活动可以让俩人更加强大，关系更加亲密，但同时也有可能给双方的关系带来巨大的压力。如果一个人爱上了户外生活，而另一个离开空调就无法生活该怎么办？夫妻双方应该确定好志愿活动的时间、地点、原因，以及要贡献哪些技能等。同时，要特别注意健康和安全问题——保证安全的住宿、安全的食物和饮水，以及关心你们生活的社区。最后，确定你们去的地方，你们的帮助是别人需要的和想要的。如果你们不清楚直接的慈善机构，就同当地非营利合伙人要求成立的慈善公司一起做志愿。

如何让庆祝活动更加有意义

生日

举办慈善生日聚会是父母教导孩子利他主义精神的机会，有望让这些教益陪伴终身。这样的生日聚会上，可以要求来宾用捐款代替送礼，也可以组织一些活动，比如为收容所的人烤制饼干、植树、款待养老院老人，或者在当地救援中心去遛狗等。

但是，要让孩子们对帮助他人有热心，父母应当引导他们参与自己感兴趣的事情。如果可能，让他们见见受赠者。如果没有真实的感受，他们是不会明白的。如果以捐赠代替礼物，父母应当将孩子带到慈善场所。孩子们从慈善机构员工那里得到的表扬和鼓励，将会起到锦上添花的作用。孩子们可以感受捐赠细节，分享受益人为生日宴会嘉宾所写的答谢卡。

父母们应该注意到，一些孩子并不在乎完全放弃自己的礼物，但另一些孩子还没有做好准备。礼仪小姐（Miss Manners）专栏编辑朱迪斯·马丁（Judith Martin）担心，有些孩子可能会"长大后讨厌做慈善，因为慈善之举曾剥夺他们的生日礼物"。另一种选择是，父母可以安排一个志愿日，让孩子们能够玩得开心，从慈善经历中得到锻炼。

婚礼

同样，慈善婚礼也变得越来越流行了。新婚夫妇利用他们结婚的日子，以不同方式强调社会公共事业意识：要求用慈善捐赠来代替结婚物，代表宾客向慈善机构捐款来代替豪华婚礼，或者用等值的巧克力或树苗来回赠客人，以此来促进环境的可持续发展。婚礼关系到你所爱的人、你所在乎的东西。夫妻希望通过强调他们共同在乎的事业来分享他们的价值观。

婚礼可以成为吸引慈善活动的理想场所。根据一家研究婚礼产业的公司的《婚礼报告》（*Wedding Report*），2009年共举行了220万场婚礼，每场婚礼平均有128位宾客参加。

帮助已订婚的夫妇注册从事慈善事业的非营利组织"从我做起基金会"（I Do Foundation）报道，已经有6万对夫妇在他们的网站上注册。该基金会在2002年成立的时候，夫妻可以从十几个慈善机构中挑选。如今，代理机构已经提供了超过150万家非营利团体可供选择。夫妻也可以从所选择的卖家购物，消费额的一部分会被捐到慈善机构。

年轻人对社会事业兴趣的整体提升，也许是慈善婚礼越来越多的一个原因，但同时也可能是婚姻文化发生转变的大趋势所在。越来越多人先同居，后结婚。比如，2004年，新娘的平均年龄为27岁，新郎为29岁。根据婚礼策划网TheKnot.com对2.1万对夫妇的调查数据显示，2009年，新娘平均年龄为28岁，新郎为30岁。等这些夫妇结婚的时候，他们已经不需要购买餐具、银器和烛台之类的物品了。

互惠圈

"在某种程度上，我每天的生活都像是中了彩票。"理查德·洛克菲勒（Richard Rockefeller）说。他在成长的过程中，看见他的姓氏印在全国各地无数的大厅、大学、博物馆、实验室、图书馆，甚至国家公园和国家森林里。理查德的曾祖父是传奇性的实业家约翰·戴维森·洛克菲勒（John D. Rockefeller），被认为是史上最富有的人。根据今天的标准，他的资产价值3400亿美元——连比尔·盖茨和沃伦·巴菲特都难以望其项背。"我们生活在极度舒适的环境中，身边都是奢侈品，你想要的东西应有尽有。"理查德说。

但在小的时候，他发现跟其他人一样，洛克菲勒家族有很多人生活并不快乐。他目睹了一些亲戚有五六套房子，有时间往来于各套房子之间，却很少有时间和朋友交往。"财富并没有让他们感到快乐，而且在许多情况下，成了他们的累赘。他们成了财富的奴隶。"理查德说。2013年，也就是在他去世前一年我曾和他会面。我们坐在他的曾祖父投资修建的位于纽约的一幢大厦的办公室里。屋里空荡荡的，大厦花岗岩墙壁和木质护板散发出密集的气味，那是一种介于钞票和砾石之间的味道，是难以置信地富庶了一个世纪的王朝的味道。"15岁的时候，我能说的是'实在没办法了！'大家都疯了。为什么他们想受自己财富的支配？我觉得很多人没有意识到的是，拥有财富会削弱一个人生命的意义。"他说。

在他64岁的时候，理查德的行为又一次体现了他儿时的观点，让他跳出了财富的陷阱。在我们决定会面前4个月期间，他为我的每一封邮件写回信，没有私人助理，落款一直都是"Sincerely"（真诚地）、"Yours"（你的）及各种形式的"Best Wishes"（最美好的祝福）。在我采访他的当天，他到洛克菲勒兄弟基金会（Rockefeller Brothers Fund）大厅迎接我，身着蓝色牛筋布衬衫，虽然衣服看起来不错，但是有轻微磨损，需要稍微熨烫一下。他把我领到备餐室，先给我沏了杯茶，然后给自己也沏了一杯。在这个把空间作为最珍贵的商品之一的城市里，在俯视着哈德孙河的各个房间里摆放着各式家具，家具之间都留出了很大的空间。虽然我们经过了一个18个座位的会议桌，但理查德还是选了一个小小的、没有窗户的房间，让我想起了医生的办公室。在这样的房间里，他感到很自在。

许多年前，理查德选择了追求他所称的"常人"之路。"我觉得作为年轻人应该有自己的事业，不要看重家族的事。我想看一看像一个中产阶级人士那样谋生会是什么样子。"他躬身坐在桌子旁边，带着多年佛教修行给他带来的平静感，慢条斯理、若有所思地说。年轻时的理查德去了医学院，离开了纽约洛克菲勒王国，代之而来的是安静的缅因州新英格兰小镇法尔茅斯。在那里他做了17年的家庭医生，工作"无所不包"。接生、照料小孩、成人和老人，这些事情他都干过。"人们认为我和洛克菲勒家族没有关系，因为洛克菲勒家族的人怎么会住在缅因州的法尔茅斯，每天工作8～9个小时给病人看病呢？在某种意义上，我获得了两个世界最好的东西。我有过奢侈的生活，也亲身经历了大部分人生活的方式——通过全职的工作来养活家人，有责任意识。对我来说，我的工作就是对我的病人负责。"各种信托基金让他们的家族成员可以靠资本利息（或者利息的利息）生活，实际上理查德并不需要自己挣钱糊口。"做这份工作的关键是尽我所能。车间式的行医和基本护理有着巨大的不同，前者只需要按治疗体系每15分钟看一个病人，不管你是否解决了问题都可以得到报酬，而后者则需要做到预防、早期发现症状、做出适当的诊断和治疗。"

当一个德国骗子和杀人犯以克拉克·洛克菲勒（Clark Rockefeller）的名义在纽约上层社会生活多年，并声称自己是这个著名家族财产继承人的时候，一些真正的洛克菲勒家族的成员却在试图摆脱掉他们的姓氏，理查德称其为"一半负担，一半特权"，尤其是对寻求自己道路的年轻家族成员来说，更是如此。他的姐姐佩吉（Peggy）是一位人道主义者，她整个学生时代都在里约热内卢为穷人工作。她把自己的姓氏也改掉了，"为的是不被人说三道四，也不会感到巨大的压力。"理查德说。我给他讲了我自己在费城的经历，一位名叫格伦·洛克菲勒（Glenn Rockefeller）的大学教授，在上课的第一天就明确告诉我们，他不是洛克菲勒家族的成员，以免我们企图选他的课来结交权贵和名流。"是的，是的，我非常明白你的意思。在你的整个一生当中，都会有人问这个问题：你是洛克菲勒家族的后裔吗？你得想出各种办法转移话题，或者去回答它，"理查德说，"对于那些待在或者生活在纽约的家族成员来说麻烦最大，因为洛克菲勒家族和慈善事业都在纽约。"仅仅洛克菲勒中心就由19栋商业大厦组成，跨越了6个街区，占了曼哈顿主要的房地产中的75万平方米以上。尽管洛克菲勒家族已经不再拥有它了，但仍有人对这个家族的财富揣有不切实际的猜想。理查德说，他们家族现有的财产已经远不及之前所有，因为大部分钱要么被捐出去了，要么供家族的两百多位成员花费。"人们猜想你一定是和洛克菲勒家族有关联，接着推测你的财富和地位。我不知道，如果我待在纽约，人们是否会有兴趣认识你，因为你实际上就是一个有趣的人，或者说，是因为你继承了家族的遗产。如果你把我们聚在一起，我们的财富仍比不上美国或者世界上其他地方新的富裕家族；如果单个来比，我们也没有他们富有。但人们并不那么看问题，直到你露出生气的表情告诉他们的时候，他们都认为那肯定不是真的，因为他们知道洛克菲勒这个姓氏意味着巨大的财富。"

幸运的是，洛克菲勒这个名字也意味着贡献巨大的慈善事业。"我的曾祖父和祖父在不同时期，都因为他们的巨大财富而不知所措，他们俩都通过有效的制度化慈善事业来寻找出路，并找到了快乐。我自己绝对想不出这样的办法，但在我生活的环境中，我的先辈们找到了这种途径。通过捐赠可以让人走上快乐之路。"毫无疑问，像其他家族一样，他们也有自己的麻烦，但是他们相信，通过集体参与捐赠事业，可以让他们避免经历其他富裕世家遇到的麻烦，而且能让家族依旧保持着亲密的关系。

在医疗实践给予他快乐的同时，理查德也从慈善事业中获得了不同的幸福感受。"在医疗实践中，当你发现有人生病了的时候，可以尽你所能让他好起来，你会从中感到非常快乐。在他们身体好起来的时候，会感到高兴，会感激你，也会更加快乐。那种感觉太好了。"1989年，法国医学人道主义组织"无国界医生"（Médecins Sans Frontières，简称 MSF，现称为Doctors without Borders）从巴黎派一位女士到纽约开设办事处，随即理查德的身份也就渐渐被暴露了。碰巧的是，这位女士的父亲曾和洛克菲勒家族一起做过生意。为了保持家族的慈善精神，他们为这位女士在洛克菲勒提供了一间办公室。

不久以后，"无国界医生"组织请求理查德加入他们的顾问委员会，因为他是家族唯一有医学背景的人。"我从没有听说过他们。某种程度上说，让我加入的原因是出于义务感，因为我那时相当忙，既要养活一个家庭，还要在缅因州从医，而他们又在纽约。我加入其中，并且迫不及待地去做的原因是当时想：这是个多么了不起的组织啊！于是我勉强同意了。事实上，我是这么说的，'好的，那行，但直到你们找到其他替代我的人为止。'"理查德边说边轻声笑了起来。此后10年当中，他每年去和"无国界医生"组织会一次面，他在该组织中的角色"主要是礼仪性的"，他们只是用了他的姓氏——这个姓氏理查德在拥有的同时对它敬而远之。"在我们那一代人中，没有任何人可以企及约翰·戴维森·洛克菲勒和小约翰·戴维森·洛克菲勒所做的。他们相当慷慨，有韬略，所做的事业非常成功。在我们的家族，慈善传统一直在大家脑海里根深蒂固，不管是否参与慈善事业，每个人都能够感受得到。每个人都觉得那既是职责，又是荣耀，同时又是利用自己的天赋回馈社会的特权。"理查德说，和祖父外在的相似性让他觉得是一种荣耀。

1989年，"无国界医生"组织邀请理查德去秘鲁完成一项任务，去亲眼看看他们所从事的事情。出于洛克菲勒家族的责任感，他去了那里。"我看到他们难以置信的专注、勤奋和高效。他们做着我以前训练过的工作，但他们是在极其艰苦的环境中去做的。作为科学家和医生，我倍感激动。但另一方面，作为洛克菲勒家族的一员，我知道，自己能为他们做得最好的事，就是用我的名字和我的医学背景，向政府倡议，同时做一名募捐人。"

21年之后，理查德仍然在顾问委员会任职并从事那里的工作，因为那让他有"处于开启状态"的感觉。当我问他说的话是什么意思的时候，他撕下一张纸，拿出塑料的蓝色圆珠笔，试图用图表展示他的观点。当时我正在做笔记，突然间真想把手中那支金尖钢笔藏起来，和他的圆珠笔对比起来，显得太炫耀了。他画了一个小圈代表他自己，旁边是一个大一点的圆圈，代表他要设法解决的问题。那些图标本身没有什么意义，但当他沿着线条从一个圆圈画到另一个圆圈时，我开始明白，他的意思是财富的力量加强了，将它们连接起来之后对非营利部门的影响会超乎我们其他人的想象。"我个人做出一点点努力，付出一点点时间，一点点技能，那么就很有可能为满足那些需要做点什么。"他边说边重新沿着大圆圈的线条画了一遍，"把钱捐出去，实际上，我发现……有点无聊。我这么做是因为我应当给予。"按照家族传统，他将在一年之中给300多家当地、国内和政治组织捐赠。"他们想回来和你见面，给你寄大量的信件，说你有多么的好——这些都根本不是我幸福的理由。我说的'处于开启状态'的快乐意味着个人与某个很大的事物相联系，在一个群体中担任着特别的角色。这些日子，我发现让我感到激动的事情是我亲历了'无国界医生'组织的活动。"理查德和"无国界医生"组织的渊源颇深，尤其是2000年的春季去乌干达参与疟疾预防项目之后，他开始感觉身体不舒服，后来被确诊为罕见的白血病，这种疾病几乎要了每个人的命。他把自己存活下来的原因归功于确诊几个月后给他的一种神奇的药物。此后，他开始投身于寻求治疗罕见疾病的药物，以及许多其他医疗事业。

他说每个人都会经历一些特别的境遇，这些境遇会影响人们给予的方式。"幸亏很多人都想做不一样的事。我们并没有为同一个慈善活动而奋斗。"对许多志愿者来说，"无国界医生"组织的吸引力在于参与到现场。作为主席，理查德不可避免地要去现场工作。这是他乐意做的事吗？他坦率地说，这事没有使他激动，尤其在他这个年纪。"我想，每个人都有不同的答案。对于一些"无国界医生"组织的成员来说，尽管自己的家庭生活已经受到了影响，但他们仍旧来回奔忙着；他们一点钱都赚不到。从某种程度上说，他们就像是肾上腺激素上瘾者。他们喜欢待在发生国内冲突的地方，使自己一直处于危险之中，但他们的确每天都在挽救生命。这太紧张激烈了。就像吸毒一样，一点点的上瘾了。这并不是激发我的原因。"几年前，60多岁的理查德去尼日利亚待了一个月，参加了一场与脑膜炎相关的运动。"我们每天在外面承受着46摄氏度的高温，回到家的时候，我的体内总是不剩一点水分，只想吃完饭睡觉。但是那些长期的'无国界医生'组织成员还得通宵仔细检查所有的文件和各项事务，并重新策划整场活动。他们过的那种生活不是我想要的。"他说。一次，他参加了一个活动，这一活动最终让撒哈拉以南非洲地区的800万人获得了免疫力。这个项目涉及面广，并提议个人之间的接触，这让他很愿意参与。"我很高兴做这事，真正的一对一模式，但我只愿意在缅因州的法尔茅斯，就像我愿意待在尼日利亚，或者别的什么地方一样。"

理查德不是肾上腺激素上瘾者，也不需要得到别人的赞赏。他从其他慈善活动中获得的快乐就是寻找创伤后应激障碍治疗法。"我做着一些此刻听起来很疯狂的事，但是却恰好很适合我。"我们见面前一天，他一直待在五角大楼说服美国军方支持这种治疗法和药物，他证明这可以治愈80%在战争中受到严重心理创伤的人。"我可以以我的名义加入，他们认真听取了我的想法，因为我也是一名医生。目前，我们遇到一个大难题，但是大家还看不到。我和少数几个人可以看到潜在的解决办法。你究竟如何让公众意识和公共资源对它施加压力？"他说，声音很大，打破了办公室修道院般的平静。他的双手在我们之间挥动，很激动地打着手势。"大部分的欢乐来源于解开那个谜团。我喜欢看到其他人看不到的事，然后让它在其他人面前显现出来。我喜欢出行和给小孩接生，但比起实现一个5年或10年的项目，组建一个团队，或与现有的团队进行合作来实现它，那是一种完全不同的喜悦。我们已经收到多年前在越南战争中遭受心理创伤的士兵的回信，他们终于有了自己的生活。他们的回信让我感动得热泪盈眶。那是一种巨大的喜悦，其中夹杂着我能为我看到的事情做点什么的喜悦。捐赠并没有使我快乐，是那种创造性让我感到喜悦。"

当理查德谈及慈善工作是如何给他带来快乐的时候，我提醒他，一些人争论说给予就是一种牺牲。"你可以始终保持这一观点，但这种争论一点没有用处。我记得我13岁在学校的时候，就和室友们讨论过这个话题。我们的结论是，没有利他主义这回事，因为你总是说那是为个人利益服务的，因为它会让你感觉很好。"他很仔细地将捐赠令他人快乐和捐赠让自己感觉良好做了区分，并没有去确认捐赠是否对其他人造成了积极的影响。"有个有效性的问题。如果你只寻求减轻自己所遭受的焦虑的方法，那是一种笨拙的生活方式。顺便说一下，比尔·盖茨和巴菲特极其关注他们捐款的影响，这并不是真的。捐赠是负有责任的和实际有效的。如果仅仅关注给予者一方，而不在意捐赠的目的，那我认为太肤浅了。你真的应该想清楚，你为什么要这样做，你这样做可以产生哪些实际效果？因为富裕的人总是处于强势地位去给穷人捐款，这会更加贬低穷人。你开始很贫穷，现在不得不接受捐助，那么你就得终身感激这位富有的捐助人。"他意识到，一些人捐赠是出于提升权力与威望的需求。"我不在乎权力和威望，但是如果他们通过捐赠就可以获得权力和威望的话，那就随他们去吧。"

我说大部分人捐款时没有留下名字，并且可能忘记了捐赠会满足对权力与威望的需求。"如何让人们分享你从给予中得到的那种快乐呢？"我问。

"任何人都可以拥有快乐。在任何阶层中，没有人是无可给予的——每个人都有可以分享和给予的东西。我不认为你从中得到的快乐是和你给予的数量成比例的。没有财力成为慈善家的人能从给予中找到快乐吗？答案是肯定的，但这与两件事有关。"

一件源于他对佛法的研习。"所有的佛教教义都教人如何保持快乐。这是我当初喜欢佛教的一个原因；它是一个有关快乐和让你快乐的宗教信仰。获得快乐是有窍门的。其中一个窍门便是活在当下，另一个是富有同情心——同情自己并同情他人。当我开始研习佛法时，我想那是毫不相干的两件事，不明白它们是如何整合在一起的。起初，那只是一个概念。但一段时间之后，你有了这种平和快乐的感觉，你的头脑中对他人的快乐就是你的快乐，你的快乐就是我的快乐，不再有疑问。我的慈善观也转到了这一领域。"这和他所称的"清教徒式"的意义上的给予有所不同。"最终，这一切都是关乎我们自己的。渴望快乐的每一个生命体都有做慈善的冲动。如果你每一天都那样做，并有一个增加快乐的慈善目标，那么，这就是纯粹快乐的源泉。有句话说，'善有善报，恶有恶报。'你那样做事，最终它会返还到你身上，因为你和给予的对象，某个人、某个团体或者某个事业，已经关联在了一起。这是一个互惠圈，而不是慈善。"

理查德说，还有一个窍门便是弄清你是谁，你可以为人们带来什么。"不是人们普遍可以带来的，而是你自己可以带来的比较特别的东西——你的礼物是什么，和别人的有何不同？随着时间的推移，通过明晰这种做法，你便会发现到底是什么在激发着你去给予。每个人都有某种激发他们的东西。一些人对此感到兴奋，而一些人则不会。"

"给予的最好体验就是当所有一切都和谐一致的时候。"那是理查德去世的前一年，帮助老兵们治愈战争带来的创伤的时候。"我全身心地投入到治疗心里创伤的工作中，我喜欢每天早上一起来就做这份工作。那和捐赠的感觉不同——很奇怪。我需要使用自己所拥有的技能，并知道我的技能正在不断改进和提高。我很在意目标，我一心扑在它上面。我还需要用到自己的智慧、心灵，以及身心，长此以往，永不停歇。这与你捐赠的感觉完全不同。就好像你是一个装东西的容器，这些东西从你体内流出，创造出了其他东西。从你身上流出的可能是金钱，如果那真是你所拥有的话，但更为理想的是，从你身上流出的是你拥有的一切，金钱、技能、智慧和爱。真正令人满意的给予是你所拥有的东西派上用场的时候。那时候，工作和娱乐已经没有什么区别了，你不像是在工作，而只是在做自己愿意做的事。

理查德·洛克菲勒，教育学硕士，医学博士。1982—2000年，他在缅因州从事医疗和医学教学活动。他加入了各种各样与健康有关的非营利活动，直到2014年6月逝世。他创办了卫生资源研究所（Health Commons Institute），并担任所长。该机构是非营利性组织，主要通过使用计算机信息工具和病人与医师的共同决策信息，来改善美国的医疗条件。1989—2010年，他担任"无国界医生"组织咨询委员会主席，同时在洛克菲勒大学董事会任职到2006年。洛克菲勒博士是"波特兰交易时间"（Hour Exchange Portland）创始人和前任主席。"波特兰交易时间"是贸易服务信用项目，创办目的在于重塑诚信、互惠互利，公民可在波特兰和整个缅因州参与。他从2000—2006年担任缅因州海岸遗产信托董事会主席，同时也是洛克菲勒家族基金前任主席。

第六章
从成功到有意义

没有什么职责或者乐趣能够比得上帮助别人。

——塞缪尔·戈尔德温（Samuel Goldwyn）

在我看来，那些在生活中真正蒸蒸日上的人是为幸福、智慧、奇迹和给予创造空间的人。

——阿里安娜·赫芬顿（Arianna Huffington）

如果让世界看到给予背后的潜在动机，我们应该为自己的高贵行为而脸红。

——弗朗索瓦·德·拉罗什富科

（Francois de La Rochefoucauld）

"我想，如果经济独立、身体健康、家庭幸福、朋友和睦，并且喜欢自己所做的一切，我就会自动地感到快乐。"雷·钱伯斯（Ray Chambers）说。时值情人节，在他给我讲述自己的故事的时候，我们坐在他曼哈顿上东区用木板装饰的办公室，俯瞰着中央公园的景色。

雷1942年出生于新泽西州的纽瓦克，父亲是钢铁仓库办公室的经理。在罗格斯大学读书期间，雷在一个叫"雷调"（Ray-tone）的摇滚乐队演奏键盘乐。在和理查德·尼克松的前财务部部长比尔·西蒙一起成立自己的金融投资公司前，他在普华国际会计公司（Price Waterhouse）纽瓦克办公室做了几年税务会计工作。当时是20世纪80年代——那是充满着无穷的、没有衰竭的魅力的10年，还有戈登·盖柯（Gordon Gekko）风格的残酷——到1985年为止，通过自己位于华尔街的维斯瑞投资公司（Wesray Capital Corporation），他收购了几十家大公司，赚了数亿美元，成为美国最富有的人之一。这些被他收购的公司包括艾维斯租车（Avis Rent）、阿特蕾特广播公司（Outlet Broadcasting）、威尔逊体育用品公司（Wilson Sporting Goods）等。

"这难道不好吗？这些钱全是我们赚的；我们在华尔街属于出类拔萃的人，"比尔对他的生意伙伴雷说道，"但你看起来并不高兴。"

比尔问怎么才会让雷快乐起来。雷不假思索地回答道："除非我们失去这一切，然后从头来过。"

比尔不屑一顾地耸耸肩，和雷说他需要度假。但是，从那一刻起，雷知道自己到底该做什么了。"我知道会失去什么，"雷声音慈祥而睿智地说道，就像录制在磁带上的有声书一样，"那样做不会赚更多的钱，或者建立更多的资产。"

在你成功的时候，会发生什么？

> 在我开始变富的时候，我也开始思考："我到底要拿这些钱干什么呢？"……你得学会给予。
>
> ——泰德·特纳（Ted Turner）

我们大多数人这一生都不会在福布斯亿万富翁排行榜上看到自己的名字。但是，从那些已经达到成功的顶峰的人身上，我们可以学到些什么呢？

真实的马斯洛需求层次

> 毫无疑问，在缺面包的时候，人们仅靠面包过日子。但是，当有足够的面包、肚子经常吃饱的时候，人的欲望会有什么变化呢？人立刻会出现其他（而且是"更高"的）需求，于是这些需求（而不是生理上的饥饿感）控制了有机体。当这些需求得到满足的时候，又有新的（仍然是"更高"的）需求出现，以此类推。[①]
>
> ——亚伯拉罕·马斯洛
> （Abraham Maslow）

1943年，美国心理学家亚伯拉罕·马斯洛试图解释人类通常遇到的动机模式。根据马斯洛的理论，人的动机是基于5个层次的需求：生理、安全、归属与爱、尊重和自我实现。马斯洛需求层次是众所周知的，几十年来一直是教科书、期刊、文章和流行文化中的主流观点，而且是用来解释人类行为模式的最持久的和最流行的结构之一。任何一个听说过它的人都能想象到它最受欢迎的视觉表现形式：一个金字塔模式（尽管马斯洛本人从未提出任何想象的步骤）。在这个模式中，个人潜力的自我实现作为人类最高的动机，处在最高端的位置。

但鲜为人知的是，在20世纪60年代末，经过对人类行为进行更多的研究之后，马斯洛修正了他的模式。在新的模式当中，个体追求超越纯粹的个人利益的自我超越（而不是自我实现），被放置在了最后一层。就如马斯洛于1966年10月撰写的没有公开发表的论文中所说："其他人的善必须得以激发。"

不幸的是，马斯洛没有找到发表他修正理论的机会。1968年，心脏病发作之后，他被送进医院重症监护室，此后一直没有好转，两年后离开了

[①] A. H. 马斯洛. 人类动机理论［J］// 心理学评论，第50卷第4号. 1943：370-396.

人世。

如今，包括纽约大学的马克·科尔特考-里维拉（Mark E. Koltko-Rivera）在内的研究人员认为，对马斯洛需求层次的传统描述不能准确表述他晚年的思想，而这一变化的影响不可低估。根据早些时候的模式，最高层面是个人通过努力最终实现自己的潜力。"在这一动机阶段，有一定的自我扩张因素。"科尔特考-里维拉说。然而，在自我超越的层面，在很大程度上为了有利于他人的服务，个人自己的需求被放在了一边。"当然，发展程度最高的人，在马斯洛的需求层次理论上的分布是大不相同的，这取决于自我实现和自我超越哪一个位于最顶端。是时候改变教科书上关于马斯洛需求层次的描述了。自我超越的具体化给我们一种理论工具，来追求更为全面和准确的个性和行为的理解。"

校正后的马斯洛需求层次

动机层次	具体描述
自我超越	追求超越自我[a]的事业，通过巅峰体验[b]来感受超越自我界限的交融感
自我实现	追求自我潜力的实现
尊重感的需求	通过认可和成就来追求尊重感
归属与爱的需求	在群体中追求归属感
安全需求	通过秩序与法律追求安全感
生理（生存）需求	追求获得基本的生活需要

注：最早也是传播最广的马斯洛需求层次（根据马斯洛1943年和1954年的研究成果）仅包括上图中下面的5个动机层次（即不包括自我超越）。根据马斯洛晚年著作（特别是其1969年出版的著作中的描述），以及他的期刊论文（马斯洛，1979，1982）中的描述，更准确的版本应该包括6个动机层次。

a 它可以包括服务于他人、投身于理想（如真理、艺术）或者事业（如社会公正、环境保护主义、追求科学和宗教信仰），以及或者融入有超越感或神圣感的事情的欲望。

b 它可以包括神秘的体验及与自然、美、性方面的体验，以及或其他超越个人的体验，从这样的体验中可以感知到超越个人自我的身份认同感。

从逻辑上讲，我们可以想象世界上最富有的人——特别是那些自我成功的人——已经达到了马斯洛的经典的动机层次的最顶端。他们的基本需求如何？毫无疑问，超级富豪在基本需求方面远远超越了满足感。对他们来说，需要的已经不再是有地方住、有饭吃、有衣服穿、有空气可以呼吸。他们的屋顶可能用的是豪华的石板瓦；他们的食物可能达到了米其林之星（Michelin star）的品质；他们的衣服可能是罗洛·皮雅纳（Loro Piana）品牌；他们呼吸的空气可能经过了净化和电离工序，充满了香水味。他们的安全需求呢？如果万不得已，他们可以建造一个地下防空洞、雇佣保镖，或者出行的时候至少选择一辆沃尔沃。爱与归属感呢？这些可能是主观的，我们可以合理地假设，最富有的人通过与家人和朋友的关系（或者至少通过工作）感到足够的归属感。自尊呢？许多最富有的人因他们的成就而受到尊敬，并通过他们的地位得到了社会权力和影响力。

至于自我实现，世界上最富有的人（不管男士还是女士）通过自己创立的事业，把自己的想法变成了现实，从而让个人潜力得到了实现。

但是，在他们到达事业成功的顶峰时，对金钱的新鲜感就会消失，他们意识到自己在生活当中开始需要别的东西——就像莫·易卜拉欣以34亿美元卖掉自己的塞特移动电话公司（Celtel International）不久之后所发现的一样。

除了坐在海滩上和打高尔夫球之外，还有没有更多的生活？

莫·易卜拉欣1946年出生于苏丹北部一个叫瓦迪哈勒法的村庄，在埃及的亚历山大长大。他将当时的非洲描述为一个"没有奥巴马"的非洲，因为那时候殖民主义仍然盛行，许多美国大学不接受黑人，他们仍坐在公共汽车的后面。当时，年轻人都在谈论自己的处境——我们为什么是穷人？我们为什么要被殖民？我们为什么被剥削？易卜拉欣的父亲是一名职员，母亲是一位家庭主妇，有5个孩子要抚养。他母亲教育孩子：接受教育和辛勤工作是唯一摆脱贫困的途径。

60年后，易卜拉欣被誉为改变大陆的人，不仅是非洲，而且也是世界上最富有的人之一。用他的话说，在塞特移动电话公司出售之后，他就成了别人眼里"美元符号"的那种富人。说这样的话的时候，是在一个11月的上午，我们就在他伦敦易卜拉欣基金会的总部，他坐在我斜对面，眼睛睁得大大的。他的办公室两边都是从天花板到地板的落地窗户，而且占据了三楼明亮通风的一角，俯瞰波曼广场。这是一个离城市最繁忙的购物街不远的一个安静的区域。一扇开着的窗户通向一个小阳台，阳台上有两把椅子和一张桌子，桌上放着易卜拉欣的烟斗。这是一个成功男士的办公室，到处摆放着他和别人握手的照片，这些带边框的照片里包括从查尔斯王子（Prince Charles）到德斯蒙德大主教·图图（Archbishop Desmond Tutu）等各色各样的人物。其中有一张易卜拉欣的抓拍照，照片中他和爱尔兰前总统玛丽·鲁宾逊（Mary Robinson），前联合国秘书长科菲·安南（Kofi Annan）以及其他政要坐在一起，他们的身影在白色的3D大眼镜下显得有些模糊，直盯着屏幕的易卜拉欣占据了桌案的主要位置，暗示出了他乐天的性格。虽然他离任塞特移动电话公司近六年了，他的办公室依然是一个忙碌者的办公室。成堆的报告、书籍和各种各样的纸张摆放得整整齐齐，但从封面看几乎没有几份是没有动过的。

"起初的职业使命是创建某样东西然后赚钱，但一段时间之后，就变得更像一场自我之旅，"易卜拉欣说，"这难道不美妙吗？你会非常快乐吗？我的意思是，你不会吃得更好，你不会穿得更好，你也不会有更好的车。你到底准备做什么呢？"穿着羊绒背心和深灰色的西装的易卜拉欣，看上去那么高贵了，但却没有半点炫耀。"有那么一段时间你会想，好啦，我很安全。孩子们都很好。事业上我已经实现了我想要的一切。然后递减法则开始发挥作用。生活变得甚至毫无意义。没有一点意义。"

所以，在他2005年将公司出售之后，这位高尔夫爱好者便不再只是去美丽的岛屿享受日落和打高尔夫球了。"对于我来说，那并不是令人满意的生活方式。是的，打高尔夫是不错，海滩也是美丽的。但我发现这些都没有成就感。"

塞特移动电话公司的惊人成功（其投资者的平均收益是初始投资的八倍，而且公司也因"没有一美元的贿赂"而成名）证明了可以以一种完全透明的方式建立一个伟大的企业。这种精神也为易卜拉欣以后做慈善家埋下了伏笔。通过从根本上改变非洲的电信基础设施而获得财富之后，他想到了回报。"我真的，真的想帮助别人，而且想通过不同的方式去帮助他们。"他认为非洲的问题源于其资源的管理不善和缺乏管理和领导的能力，所以他想从根本上改变这个大陆的统治方式。2006年，他建立了莫·易卜拉欣基金会（Mo Ibrahim Foundation），旨在促进非洲的管理和领导。

"成为慈善家极大地改变了我的生活。极大地，"他说，"它把我从这个只有我自己、孩子和家人的小圈子带到了更广阔的人类的圈子。你觉得你是这个精彩的人类种族的一部分。突然间，你遇到的任何个人问题似乎都显得十分荒谬。真的如此！你知道吗？十分荒谬。"他边说边摇了摇头。"你为交通而感到沮丧，你为影响你富裕舒适生活的任何小小的不便而感到烦恼。然后，你看到周围所发生的一切。有多少孩子饿着肚子去睡觉，有多少遭受疟疾或饥饿折磨的人，有多少人遭到杀害，有多少妇女遭到强奸……有大量的问题。"

在他成为慈善家之前，莫·易卜拉欣每当参加商务会议，都觉得大家只是想从他身上拿到尽可能多的金钱。"如果你经营一家餐馆，遇到一位有钱人来吃饭的时候，你会立马索要双倍的价格。"但是，在他开始公开表态代表非洲之后，喀土穆的服务员会拒绝收他的咖啡钱，出租车司机不要他的出租车费，和他说他为了非洲大陆已经做得够多了。"这只是一两美元的事，真的不算什么。但是，这是一种被欣赏的感觉。"

慈善工作使他快乐了吗？"绝对是的！它给生活增加了一个新的维度。无论你做什么，都不再用美元来衡量，而是看你给别人带来的影响。这更有意义。你能看到——孩子们接受了免疫接种，冲突少了，死亡的人少了，社区的生活改善了，政府的标准提高了。这是一种美妙的成就感。如果我们能够用钱来真的做一些更有意义的事，而不是仅仅把它放在银行里，那就太好了。如果我们设法改变我们周围的环境，就会有一种巨大的成就感，巨大的。这是一种情感上的红利，完全不同于物质上的。"

他给我讲述了自己最有感触的经历。在尼日利亚中部的阿布贾的时候，他感染了严重的疟疾。因为身体太虚弱，出不了房间，他就待在房间里，订了房间服务。"我记得那个拿着托盘的人，他把食物拿进屋放下就出去了。我当时病得像条狗。不久他便回来取盘子。他走到门口，停下来踌躇了一会儿，然后走了进来。

'先生，您是莫·易卜拉欣吗？'他问。

'是的。'

'你很快就会好的，请一定要好起来。因为我们需要您。'

'这真的让我流下了眼泪。因为这个人欣赏我正在从事的工作——我还有何求呢？'"

莫·易卜拉欣博士是移动通信领域的专家，也是非洲最成功的公司之一——塞特移动电话公司的创始人。成立于1998年的塞特移动电话公司给非洲大陆数以百万计的人带来了移动通信方面的利益。该公司在15个非洲国家开展业务，覆盖的人口超过了非洲大陆人口的1/3。2005年，塞特移动电话公司以34亿美元的价格卖给了科威特MTC公司。2007年，易卜拉欣博士不再担任塞特移动电话公司董事长，把注意力完全集中在他的基金会上。

莫·易卜拉欣基金会成立于2006年，旨在支持管理和领导方面的成就，催化非洲的转型。按计划，基金会每年奖励一位非洲领导人，要求是该领导人在领导才能方面表现卓越，被认为管理公正，并已卸任，体面地将自己的位置以选举的方式交给了接班人。该奖的首位获得者是乔克伊姆·奇萨诺（Joaquim Chissano）总统（2007年），他领导了莫桑比克走出了内战，并经过了十多年的经济复苏。该基金会还为有抱负的非洲领导人提供奖学金，让他们在一些著名的学府深造。该基金的成立还产生了非洲管理易卜拉欣年度指数（the annual Ibrahim Index of African Govermance），它在非洲管理质量方面数据收集是最全的。该年度指数提供了可靠的信息，以帮助政府和决策者更好地做好他们的工作——同时给公民提供一种让政府负起责任的一种工具。

现在回到曼哈顿的上东区，继续聆听雷·钱伯斯讲述他的故事。

他的家乡纽瓦克是一个饱受骚乱的城市。第二次世界大战后，受新的州际公路、低利率抵押贷款，以及上大学更便利等因素的刺激，白人和中产阶级居民开始逃离到附近的纽约市。最需要帮助、最贫困的当地居民——大多是黑人——被抛弃在这里，他们在工作和住房等方面都面临严重的歧视。连年的贫困和受歧视在许多黑人社区产生的火药桶终于在1967年7月12日一个炎热的夜晚爆发了。当时一个名叫约翰·史密斯的黑人出租车司机遭到警察的严重殴打。

它就发生在一个大型的公共住房项目周围居住的居民的视线之内。史密斯被拖进警察局之后，愤怒的人群迅速聚集在外面。接下来是5天的暴乱。窗户被打碎，商店被洗劫一空，房屋被烧毁。一名警察遭到杀害之后，州长派出了国民警卫队，并命令他们可以随意开枪。坦克和装甲车封锁了街道，不让更多的人进入城市。根据官方数据，在暴乱中有26人死亡，700多人受伤，15人被捕。这些骚乱行为是导致该城市衰败的主要因素。

"我从未见过像纽瓦克人一样贫困潦倒的人。"我们舒适地坐在离疯狂的麦迪逊大道22层楼高的雷宁静的办公室的时候，他这样对我说。1987年雷开始匿名给纽瓦克男孩女孩俱乐部（Newark Boys & Girls Club）捐赠。这是一个全国组织的当地的分部，为青少年提供课外项目——雷小的时候就在这里学会了游泳。就在同时，他同意为1000名非洲裔美国学生支付学费。"他们大多来自单身母亲家庭，母亲们靠社会福利生活。对他们的生活处境的感触让我开始对商业活动失去了兴趣，我只想花时间帮助他们。"维斯瑞投资公司接下来的业务交易对他不再有任何的诱惑。1989年，雷从他的公司退休，献身于为纽瓦克人服务。

"从此以后我就成了一名全职慈善家，我此前所经历的空虚感被充实代替了。经过23年的全职慈善事业，我当时感觉到的差距通过帮助别人而得到了处理。"他说。

除了为纽瓦克人服务之外，雷还在其他事业上伸出了援助之手。防治疟疾就是其中的一例。"6年前我参与了防治疟疾的行动，因为我当时看到了马拉维3个女孩因感染疟疾而昏迷的照片。我以为她们睡着了，或许她们后来离开了人世。这一情景一直停留在我的脑海当中。"

他继续说："大多数情况下，那些非常富有并正在寻求更多的财富的人，认为增加更多的财富能给他们带来快乐，结果他们把不快乐的坑挖得更深。我从来没有感觉到那种挑战；我也从来没有感到像如今这么满意。我会继续做下去，直到我可以实现非常、非常困难的目标。"2015年4月，他在联合国做的一份声明中说道："可以诚实地说，我很长的事业生涯当中，我做过的最好的一笔投资是把时间、资源和精力投入到了和你们一起防治疟疾上。"他的目标是永远根除疟疾造成的死亡。

雷·钱伯斯是慈善家和人道主义者，他把大量的精力投入到了帮助孩子们的事业上。他是光点协会（Points of Light）首任主席，和柯林·鲍威尔一起创办了美国承诺联盟（America's Promise Alliance），还和别人一起创立了"全美师徒辅导协会（National Mentoring Partnership）、千年承诺联盟（the Millennium Promise Alliance）和疟疾防治基金会（Malaria No More）"。他也是新泽西演艺中心（New Jersey Performing Arts Center）首任主席，是他和威廉·西蒙（William E. Simon）一起创建的维斯瑞投资公司的前董事长。

雷·钱伯斯的五步幸福法

雷·钱伯斯分享他的五步幸福法，这是他在迪帕克·乔普拉（Deepak Chopra）等人的教诲中寻找共同点的过程中受到启发而想出来的。

第一步　把握当前，因为这是我们唯一拥有的时间。我们不能重做或撤回我们说过或者做过的事情，我们可能永远也把握不了明天。我们唯一拥有的时间就是现在。

第二步　退后一步，成为你自己想法的旁观者。感到愤怒的时候，做做深呼吸。退后一步来审视自己。你不是表演者，不是演员，你是观众。这样做总会打破愤怒情绪和自己思想的束缚。

第三步　关爱比正确更重要。这很简单，但很难做到。在我们身上，有些东西可能受自我驱动的影响，甚至要求我们向那些最亲近的人证明自己是正确的、他们是错误的。如果你能记住关爱比正确更重要，那么给你的人际关系带来的结果将是令人难以置信的。

第四步　改变你的生活方式，去帮助任何有需要的人。

第五步　每天早上，写下你所感激的事，并大声读出来。在你读到一半的时候，任何让你烦心的事情都会烟消云散。

你做得最满意的事情

我想我还是了解那些富豪们从他们的金钱中得到的快乐——大房子、豪华轿车、一流的旅游服务等。我们当中谁不想登机后可以左转，而不是右转？除了最好的飞机座位和世俗的奢侈品之外，这些有钱人有安全感，能自由选择可以满足自己愿望的工作、赚到的钱也并非只是为了支付账单。毫无疑问，经济上的安全和独立让人能感到真正的快乐和满足。作为20世纪30年代性感女神的梅·韦斯特（Mae West）曾经说过："我曾经富过，也穷过。但相信我，富比穷要好。"

但是，就如比梅·韦斯特至少富百倍的雷·钱伯斯所说："我曾想，如果我经济独立、身体健康、家庭美满、朋友可靠善良、喜欢我所做的事业，我会自然而然感到幸福快乐的。"因此，如果连这些都不够的话，还有什么能让有钱人真正感到幸福快乐呢？

在和世界上最富有的一些人的谈话中发现，有些情况是我始料不及的：在谈到自己做过的慈善事业时，他们当中许多人都不约而同地以"这是我做过的最满意的事"这样的语调来评价。起初，我还以为他们只是一句空话而已。认为也许这些受访者只是想留下好印象，并表现出公众眼中的励志人物的形象。但多次听到这样的话之后，我开始想：在这些钱多的难以置信的富人们崇高的言辞背后，有没有实质的内容呢？于是我着手调查，眼光不仅仅局限于自己的经历来研究我从未见过的富人的言论。

调查的第一站是捐赠承诺。这是由沃伦·巴菲特和比尔·盖茨在2010年发起的一项运动，旨在鼓励全球的亿万富翁们将自己财富的至少一半用于慈善事业，现在已经有超过122人签署了这项承诺。而且，他们中的大多数已经将自己的书面承诺张贴在了givingpledge.org这个网站上，来突出承诺的公开性和社会性。在我仔细阅读时立刻注意到，其中有不少承诺，无论是出自精明务实的对冲基金经理，还是富有创造力的企业家，都在谈论同样的内容：我们的最终成就在于给予。

- 彭博新闻社（Bloomberg LP）的创始人迈克尔·彭博，其净产值达到330亿美元[1]。大家都知道，他在22.5万美元的年薪中拿出一美元作为自己担任纽约市市长的报酬。他在承诺中写道：

"让人们的生活发生改变——并且亲眼看到这样的变化——或许是你将要做的最满意的事了。如果想充分享受生活——那就为别人奉献吧。"

- 对冲基金亿万富翁约翰·阿诺德和他的妻子劳拉写道：

---

① 2014年3月。

"没有什么工作和任务能够超过它（慈善事业）了。"

• 团购网（Groupon）的首席执行官和创始人埃里克·莱夫科夫斯基（Eric Lefkofsky）和他的妻子丽兹（Liz）写道：

"我们发现自己最伟大的成就——除了抚养自己的孩子之外——不是来自我们创立的企业，而是来自我们为他人和世界各地的慈善事业所提供的帮助。"

• 房地产投资商、速贷公司（Quicken Loans，美国最大的在线家庭贷款公司）创始人亿万富翁丹·吉尔伯特（Dan Gilbert），同时也是克里夫兰骑士队的老板，他和妻子珍妮弗（Jennifer）写道：

"没有比能够积极地影响别人、影响这个世界上高贵的事业更令人满意和激动的事了……生活在这个伟大的国家，能够创办和发展自己的企业，激动之情难以言表。把从企业赚到的钱利用到改善我们的世界，则是让人感到更为激动的事情……"

即便从"给予"中获得的乐趣没有用最高级来表达，其描述也是很积极的。

• 对冲基金亿万富翁比尔·阿克曼（Bill Ackman）写道：

"多年来，我从慈善捐赠中获得的情感和心理上的回报是巨大的。为别人做得越多，我就感到越幸福。从帮助他人中得到的快乐和乐观情绪是我保持心理健康的重要部分。我的生活和工作都经历过一些起伏，健康的心理和幸福感让我能更容易地处理这些不可避免的挑战。"

• 犹太裔加拿大亿万富豪埃德加·布朗夫曼（Edgar M. Bronfman Jr.），在签署"捐赠承诺"时，已是82岁高龄，他作为慈善家已经在塞缪尔·布朗夫曼基金会（Samuel Bronfman Foundation）工作了18年。他写道：

"我发现慈善事业是一项令人满意的工作……我鼓励所有的人都为别人付出，不管是付出时间还是金钱。关键是要参与。帮助别人是一种快乐的体验，不仅让接受者受益，而且给予者也同样受益。"

- 家得宝创始人之一伯尼·马库斯（Bernie Marcus）[①]写道：

"创造季度利润是一回事，但改变一个人的生活要更美好。"

- 移动电话行业企业家约翰·考德威尔（John Caudwell）写道：

"大约十年前，我决定开始更多地关注帮助急需帮助的人，而不是专注于自己的财富创造。出于这一理由……我在2006年决定卖掉自己的公司。同时，我做出决定，在我去世的时候，会把至少一半的财富捐出，力图和我有生之年一样去改变尽可能多的人的生活。和赚钱相比，慈善事业给了我更多的快乐和满足感。事实上，现在赚钱的驱动力在很大程度上是出于在我离世后能够留下更多的财富用于慈善事业的想法。"

- 对冲基金亿万富翁汤姆·斯泰尔（Tom Steyer）写道：

"无疑，我们从……安慰、理解、关爱、给予和宽恕中获得的乐趣，远大于任何自私被动的拥有或占有所得到的快乐。"

- 商业家乔恩·亨茨曼（Jon Huntsman）写道：

"渴望回报是追求商业教育的动力，是把这种教育应用到如何成为成功的集装箱公司的动力，也是把这种经验应用到让我们与众不同的化学公司成长为全球性企业的动力。这一从某种程度上始于贫困的旅程让我的名字连续几年出现在了美国最有钱的人的名单之列。我们从看人眼色发展到获得了自己从来都不敢梦想的财富，但一直都清楚，我们不能将这些财富占为己有。"

---

① 2001年，马库斯退休，专注于慈善事业。通过马库斯基金会，他捐赠了2.5亿美元来建立佐治亚水族馆。这是世界上最大的水族馆，陈列馆的水量超过1000万加仑。2013年，他给脑肿瘤和淋巴瘤治疗的医学研究中心"希望之城"捐赠了250万美元。2008年，他在亚特兰大创办了马库斯自闭症中心。他的基金会每年捐款4000万美元。

波士顿学院社会学教授、财富和慈善中心主任保罗·舍维希（Paul Schervish），在他历时几十年对财富和慈善模式研究的过程，访谈了数百名百万富翁。在最近一项他称之为"坦白、回忆和辩解的独特样本"的研究中，他访谈了超级富有的人群，大约165人做出了回应，其中120人至少有2500万美元的资产。受访者的平均净资产为7800万美元，其中两人称自己是亿万富翁。这项调查的设计者们称，他们的目标是获取那些接近或者已经完全实现了经济安全的人的金钱。根据《大西洋》（The Atlantic）中的一篇期刊文章描述："大部分被调查者除了遇到世界末日之外，在任何灾难当中，当别人都用垃圾桶烤老鼠吃的时候，他们依然有足够的财力保证吃烤牛排。"

显然，当舍维希第一次听到百万富翁们说给予让他们感到很快乐的时候，他自己也持怀疑态度。但他一次又一次地听到了这样的言论。对自己的研究做总结时，舍维希说："我发现，最引人注目的事情是为关爱别人而付出时间和金钱，从中获得了快乐。他们会这样说，'我相信所做的只是对我来说更有成就感，我从中获得比受益人要多'。"①在我的职业生涯中，我见过许多非常富有的人，许多达到"自我实现"的人，并在他们简单而真诚的"我想回报"这样的话里观察到了他们的品行。在他们这句话的后面是某种不安，这种不安只有到他们的付出带来了真正的改变的时候才能消除。有时，正如一位传奇式的人物一天下午在加利福尼亚派拉蒙电影公司告诉我的，他们最大的遗憾是没有更早地做出行动。

---

① 罗德·特莱尔. 慷慨的财富［R］// 邓普顿报告，2011-03-24.

我为什么不早点开始呢？

为了参加下一个采访，我开车经过梅尔罗斯大街派拉蒙电影公司巨大的拱形门，拿到了后台通行证，跳上一辆高尔夫车，经过外景场地，穿过两侧是牙齿雪白的好莱坞明星照片的狭窄走廊，最后我到达了30阶之上一个小小的临时办公室。在那里，我看到了第十六次获格莱美制作人和作曲家的戴维·福斯特（David Foster）。在整天排练他的下一场音乐会的间隙，他独自一人坐在那里，穿着一件灰色的毛衣，牛仔裤，卵石花纹底的鞋。他抬起头，向我长长地道了一声"嗨"。我对这次采访感到特别兴奋，不仅是因为多年以来我一直都是他的超级粉丝，而且我知道他会完全坦率地回答我的问题。他刚开始说的话就让我喜出望外：

"我对自己懊恼的是我的基金会开设得太晚、太晚了。我37岁的时候才开始行动，它深刻地改变了我。"

那是1986年，当时戴维刚刚赢得了他的前几个格莱美奖，他刚刚离婚，并完全专注于他的事业。"我只想着自己，只想着那些格莱美奖，只想着赚钱、买房子、买昂贵的汽车。我对帮助别人一无所知。父母对我的教育很好，但我却受困于洛杉矶的单调和好莱坞的喧闹。我和像埃尔顿·约翰一样的人一起出去放唱片，应邀到处奔忙。我被自我所纠缠。"

就在这时，戴维的母亲埃利诺（Eleanor）给他打电话，叫他去看望来自家乡不列颠哥伦比亚省维多利亚的一个生病的小女孩。女孩和她母亲在加州大学洛杉矶分校（UCLA）医学中心的重病监护室里等待肝移植。"母亲让我这样做并非因为我是一个名人，而是因为这个女孩来自我成长过的地方。"戴维说。作为一个好儿子，他答应了母亲的要求，去了医院。

"你曾去过儿童重症监护病房吗？"他问我。我回答说没有，我从来没有去过那里。他告诉我他第一次去那里的感受。"有一句老话问的是什么事情让你感到虚弱以至膝盖发软？我要告诉你的是，我第一次去那里，经过第二张床的时候，我不得不抓住什么东西。我看到了那个女孩。她只有5岁，被放在一台机器上接受肝脏移植手术。我问她，'你最想要的东西是什么'？我以为她会说，'去迪士尼乐园'。但她最想做的事是看到她的姐姐，"戴维说，"她的那张脸永远留在我的脑海里。"

与女孩的母亲交谈之后，戴维了解到，虽然医疗费用由加拿大医疗系统承担，但非医疗开支都得由家人支付，所以小女孩的姐姐在维多利亚和她的父亲在一起，只有母亲在医院里陪着她。他发现自己可以帮助他们的最好的方式就是让女孩的姐姐从维多利亚飞过来，这样她们两个就可以在一起了。

"25年前的那一刻，当我支付了60美元的机票让女孩和她的姐姐在加利福尼亚相聚的时候，是我一生中最快乐的时刻。"戴维说道。不久后，他决定成立戴维·福斯特基金会（David Foster Foundation），旨在为需要器官移植的孩子的家庭提供经济援助。他也受到了两个朋友的影响下，一个是冰球冠军韦恩·格雷茨基（Wayne Gretzky），一位是网球名将安德烈·阿加西（Andre Agassi）。他们两人开始从事慈善事业的时候，都比戴维年轻得多（阿加西曾说："网球是我的敲门砖，它这让我有机会做这件事。改变孩子的生活是我一直想做的。赢得一场网球比赛远远比不上对这些孩子的期望。"）。[①] "无疑，我的起步晚了，但我做出了弥补。"戴维说道。

从慈善工作得到满足感是"难以言表的"，戴维说，"你无法解释，这是一种与其他经历完全不同的感受。它和获得格莱美奖不一样。这是一种完全不同的感觉！这种完全不同的感受就像自己在说'哇！这就是为什

---

① 比尔·克林顿. 给予：我们每个人如何改变世界［M］. 纽约：诺普夫出版社，2007.

么我来这个世界的原因'的那种。我们在这个星球上，爱别人也被别人所爱。'爱别人'意味着你得帮助他人。获得格莱美奖并不能给这个世界做好事；它只是给我提供了服务。这只会让我看起来更好，这让我看起来更成功，它让我得到了更多的钱——但是，支持一个正在接受挽救他生命的器官移植手术，就是在给这个世界做好事。我曾经在音乐上获得的成就，能比得上一位母亲给我说'谢谢你救了我女儿的命'吗？你能想象得到吗？"

"我这样做并不是为了要做一个仁慈心善的人；我是在提升自己的灵魂。如今我把大量的时间花在了基金会，它也让我完全受益。它完全不同于我做过的其他事情。25年已经过去了，每年即使我给你拿不出上千份，至少也有数百份家长们写来的信件，信中内容有'您真正挽救了我的婚姻''您挽救了我女儿的生命''没有您，我们就会睡在大街上''没有您，我们的女儿就不会再活3年''我们27岁的女儿现在有了一颗新的心脏。没有您，这一切就不会发生'等。获得格莱美奖不会让你有这种感觉，在唱片当中你也不会获得这种感觉，其他的事情都不会让你有这种感觉。"戴维说。

他靠近我，试图让我间接地感受他经历了很多次的感受。"珍妮，谢谢您挽救了我女儿的生命。"他拍了拍手，身体后仰，并深吸了一口气。

"你可能还没有听说过这样的话，对吗？"

"还没有。"我说。

"还没有，但你可能会有的。而且你会感到非常兴奋。"

享乐适应症（hedonic treadmill）

"事实证明，富足是升值的敌人，"哈佛商学院经济管理专业教授迈克尔·诺顿（Michael Norton）说："这是人类的经历中让人感到伤心的现实：总体来讲，我们对某件事情接触越多，它对你的影响就越小。这就像一种强烈的气味，越是连续接触它，对嗅觉的冲击力就越小，一旦从冬天的寒冷当中缓解过来，你就会很快忘记炉火的温暖，一旦一个人习惯了拥有物质财富，就不会感受到它带来的快乐。"

在过去的35年里，美国扣除通货膨胀后的"真实"收入从1.7万美元上升到近2.7万美元。同一时期，美国平均新的家庭规模增加了50%；汽车数量增加了1200万辆；家庭个人电脑拥有比例从零上升到了70%等。然而，自从20世纪70年代，把自己描述为"非常幸福"或"相当幸福"的美国人的比例基本没有发生变化。自我报告幸福的平均水平或"主观幸福感"在20世纪50年代一直平稳发展，当时的实际人均收入还不到现在的一半。那么，我们为什么感到并不比以前幸福呢？

1978年，心理学家菲利普·布里克曼（Philip Brickman）实施的研究是对我们都会染上"享乐适应症"这一理论进行测试的最早的研究之一。他创造的"享乐适应症"这一术语，用来描述这样的观点：好的或者坏的事件并不能永久性地影响我们的幸福水平。他召集了两组受试群体：第一组由伊利诺伊州彩票中奖者组成，他们的中奖金额在5万～100万美元。第二组在我们的想象当中是相当悲惨的人：破坏性事故的受害者，有些从颈部以下瘫痪。布里克曼和他的团队向两组受试者提出了一系列的问题，例如：在这些事件之前你的快乐感如何？你现在的快乐感如何？你希望几年之后能有多快乐？在和朋友聊天、听笑话和读杂志这些日常体验当中，你能得到多少乐趣？

他的研究成果使许多心理学家感到惊讶，让他的享乐适应症理论在今天很流行：彩票中奖者没有他们的邻居快乐，也不会对未来更加乐观。事实上，他们还不如我们想象中很悲惨的人那样对未来感到乐观。彩票研究是一个最重要的证据，证明了即使科技取得了巨大的进步，总体生活质量有了巨大的改观，但我们并不比以前更快乐。人们对改善了的环境做出迅速调整，因此当他们有了新的财产的时候，如第二套住房、更好的汽车、换代手机等，其期望会不断增加，让他们还没有起初的时候那么快乐。①

另一种理论认为人是相对主义者：他们的兴趣不在于拥有更多的东西，而在于与周围的人进行攀比，消费的快乐在很大程度上取决于一个人的参照物。所以如果欢乐谷（Pleasantville）里的每一个人都得到1美元去消费，就不会发生任何的改变，因为大家的财产都一样多。比方说，我们当中的大多数人，偶尔会刻意过度地消费一下来犒劳自己：豪华水疗、去高级餐馆吃饭、疯狂购物等。对有钱人来说，这样的消费方式就像失去心理利益一样普通——在某种程度上，经常能得到的奢侈品就成了非奢侈品。②10亿美元（或在莫·易卜拉欣的例子中，34亿美元）能买到多少快乐？就像易卜拉欣所说："它不会让你有更好的车，不会让你吃得更好，也不会让你穿得更好。"

"不幸的挥霍（彩票）赢家的故事起到了警世的作用。"哥德堡大学社会学家安娜·海德拉斯（Anna Hedenus）博士说。总的来说，在我们期待得到梦想的东西而欣喜若狂的同时，当这些事情真正发生时，我们却发现自己无动于衷，最后消费的快乐逐渐消退。在高风险的金融世界，极其成功的案例凤毛麟角，其概率无异于中彩票——对于新发现的财富的情绪也是一样。

然而，要注意的是，布里克曼最初的研究仅仅包括22名彩票中奖者，而且也没有调查他们的幸福感有没有发生变化。最后只在一个方面对他们

---

① 伊丽莎白·克尔伯特. 每个人都有乐趣［J］// 纽约客，2010-03-22.
② 格勒姆·伍德. 超级富豪的秘密恐惧［J］// 大西洋杂志，2001-04.

的感受做出了评估，时间也大都在中奖一年之内，与他们进行比较的人是从电话号码簿里随机挑选出来的邻居。布里克曼博士和他的合著者注意到了其局限性，主张随时间的推移对中奖者进行更严格的跟踪研究。

数十年之后，这项研究终于完成，最新的研究揭开了对意外之财诅咒思想的真相。数百名彩票中奖者的感受在两项独立的研究当中进行了跟踪，两项研究都利用了一项英国全国性的成人调查结果，该调查每年一度对成年人的思想状态和生活中的事件进行了广泛的访谈。尽管我们中威力球乐透彩的概率非常之小，然而研究结果对于我们当中想摆脱享乐适应症的人来说非常有用。

其中一项由巴黎经济学院（the Paris School of Economics）和安德鲁·克拉克（Andrew E. Clark）等人实施的研究发现，两年之后，彩票中奖者的压力水平降低，同时积极情绪上涨，因此他们总的心理幸福感在中奖两年之后比之前有了很大的提升。另一项由英格兰沃里克大学（the University of Warwick）的乔纳森·加德纳（Jonathan Gardner）和安德鲁·奥斯瓦尔德（Andrew J. Oswald）实施的另一项研究发现，中奖者在中奖的当年，他们的心理幸福感慢慢减弱，但在两年之后又大幅回升。最终，彩票中奖者在心理上更加幸福，比普通人群和没有中过大奖的彩民都要幸福。在安娜·海德拉斯博士的一份涉及400多名瑞典彩票中奖者的调查中，对诅咒中奖思想更进一步的进行了反驳。安娜发现，大多数的中奖者都尽量避免挥霍摆阔，而更愿把奖金存下来或用于投资，而且称自己很满意。

我们经常听到人们说金钱买不到幸福。有一个流行的观点，认为一旦物质需求得到满足，收入超过了一定的门槛（通常是7.5万美元），就不会让我们感到更幸福。虽然有研究拒绝认为彩票中奖就是得到了诅咒，但没有研究者发现，中奖者在中奖后的第一年里是幸福的。"大奖获得者说他们发现突然冒出许多人来向他们要钱，特别是他们的家人。"迈克尔·诺顿（Michael Norton）说。他说把钱给出去是增加你的幸福感的最可靠办法，但他却没有看到大奖得主的后半生让人为了从他那里分得一杯羹而追逐的喜悦。不过诺顿发现，如果你的钱花得正确，是可以买得到幸福的。①

"人们做出的很多消费选择通常都不是为了持久的幸福，这是我遇到的最令人吃惊的发现之一。我们当中很多人把大把的收入投到了不能带来巨大幸福的事情上，这的确让人感到吃惊。"基于诺顿的研究，这里有五个关键原则让你如何用钱带来最大限度的幸福：

- 购买体验。研究表明，购买物质上的东西没有度假或听音乐会让人更加满意。

- 使它成为一种乐趣。对获取我们最喜欢的事物进行限制，会保持对它们持久的欣赏。

- 购买时间。原来具有讽刺意味的是，放弃我们的时间（例如通过志愿者的工作）可以让我们觉得有更多的时间——诺顿称其为"时间充裕感"。

最后：

- 在他人身上投资。

正如在第一章里就诺顿的实验所做的讨论那样，把钱花在别人身上比花在自己身上更快乐。从送钱给一个无家可归的人到给朋友买咖啡，在其他人身上花钱比买电视、汽车和房子更能对一个人的幸福感产生影响。

"我们经常错误地认为，对人生成功的衡量就是我们有多少东西、有

---

① 杜恩，诺顿. 花钱带来的幸福感［M］.

多少钱、有多少车等，"诺顿说，"事实是，人们真正回顾自己生活的时候，经常谈论的不是他们的财产，而是他们对自己帮助过的人产生的影响，无论是家人、朋友、雇员，还是随便遇到的人。真正使我们快乐的是给予而不是索取，这就是我们在研究中所看到的。当你以积极的方式影响某人的时候，就能真的带来幸福快乐。"

匿名给予与公开给予

当我们真正给予的时候，是匿名去做还是让我们的名字公之于众呢？

2011年，康奈尔大学获得了3.5亿美元的匿名捐款。时任康奈尔大学校长的弗兰克·罗兹（Frank Rhodes）知道捐款的来源，但他发誓要保密。"我不得不说服董事会，它不是黑手党的钱，这笔钱是光明正大的。"[1]

这笔秘密捐赠是出生于新泽西的企业家查克·费尼（Chunk Feeney）捐赠计划的一部分，他计划把来自其全球机场免税店帝国的75亿美元捐出去。自从1984年以来，他的大西洋慈善事业基金会（Atlantic Philanthropies）已经把62亿美元投入到世界各地的各种项目，包括实现北爱尔兰和平、越南现代化医疗系统把纽约罗斯福岛变成技术中心等。在其他企业大亨们雇人来宣传他们的优秀事迹的时候，费尼却执着于他的匿名奉献——从来没有一幢建筑物是以他的名字来命名的，他的一生接受的采访也是屈指可数。他不遗余力地保守自己的身份秘密，在百慕大群岛成立了自己的慈善基金会，在他的基金会资金使用上签署了严格的保密协议。没有上台展示自己慷慨解囊的大笔资金，没有举行过黑色领带晚会来纪念

---

[1]　史蒂文·贝尔托尼，查克·费尼：走向破产的亿万富翁［J/OL］// 福布斯，2012-09-18.

他，也没有任何颂词来歌颂他对遗产的处置。他不需要这些东西。

十多年以来，费尼做得非常好，甚至连他的长期生意伙伴都不知道他的这笔巨额礼物。但最终，所有匿名捐赠带来的问题终归都得由他来面对。当他第一次把所持免税商店集团（Duty Free Shoppers）股份的39%转移到他的基金会的时候，几乎没有人注意到，因为公司相对不太起眼。到了1997年公司被出售的时候，他慷慨大度的规模才变得清晰起来。他可能是美国新的亿万富翁，但他已飙升至16亿美元的股份是属于他的基金会的。由于精明的财务管理，基金会的资产曾经一度上升到了37亿美元，该组织规模之大不可能不引起大家的关注。费尼在1997年接受了一次采访，然后又销声匿迹了。

拥有像他一样多的财富的人群当中，没有人会在有生之年把自己的财富这么彻底地捐出去。当许多商业巨头们痴迷于积累更多财富的时候，费尼出行时坐二等舱，戴着15美元的手表，用塑料袋作公文包，没有自己的车，付出双倍的时间工作，做好了破产之后上天堂的准备。截至目前，他的财产仅有150万美元。到2016年，他的基金会剩余的约13亿美元将会用于4个方面：弱势儿童、老龄化问题、健康以及人权。该基金会2020年后将不复存在。

就像他在2012年难得的一次采访中告诉《福布斯》（Forbes）杂志的那样："人们曾经问我是如何得到快乐的，我想当我所做的事情是帮助别人的时候，我会感到快乐，当我所做的事情帮助不了别人的时候，我就会感到不快乐。"

在今天的文化中，很多人过分注重自我推销，但那些像费尼一样的人则更愿意不去声张，不愿把自己的名字刻在石头上，他们显得非常谦虚，甚至圣洁善良。的确，匿名捐赠是世界各地的一种最古老和受人尊敬的慈善活动，无论是出于文化还是宗教信仰。在日本和中国的富裕家庭当中，有一种根深蒂固的匿名捐赠传统，它来自谦逊的文化价值。一些宗教长期以来一直认为匿名捐赠是为他人付出的最高形式。许多宗教传统也告诫人们不要自抬身价。马太福音建议不要鼓吹自己的付出行为，而是要求"你在施舍的时候，不要让左手知道右手在做什么，这样你的付出行为就会是秘密的；在暗中观察的天父会回报你的"。中世纪犹太圣人梅摩尼德（Maimonides）说，最好给予者和接受者互不知道对方的身份——这样，就可以保护接受者的尊严：有钱的人不应该因为付出就感觉高人一等，穷人也不应该因为接受而感到低人一等。根据梅摩尼德的说法，匿名赠予是第二高层次的慈善行为（仅次于通过生意伙伴关系或帮助其找到工作从而帮助一个人实现自足）。

"匿名赠予可以解决这些关系中的权力失衡问题。"乔治城大学慈善专业教授詹姆斯·艾伦·史密斯（James Allen Smith）说。[1]通过匿名赠予，捐助者就没有了政治和社会钻空的机会，也不会获得将姓名公之于众之后的满足感。接受者也不会有任何负担：组织方不需要精心组织感谢晚宴，接受者也无须感到欠别人人情的愧疚。

杨澜是一名有影响力的中国媒体企业家和记者，被称为中国的奥普拉·温弗瑞（Oprah Winfrey）。她正在引领一项运动来鼓励中国慈善事业的发展。"当我把第一本书的版税赞助给孩子们用于教育费用时，那所学校居然问我，'我们是否需要一个仪式，这样我们就可以当面把这些奖学金给他们'？我说我不想这样，因为我认为让孩子们在公众面前得到物质帮助会影响他们的尊严和自尊。我认为接受帮助的人都有他们的尊严和隐私。只要我能帮助他们，我就感觉很好。我不需要任何宣传。"

对于捐助者，匿名方式则有其他的一些好处。印第安纳大学慈善研究

① 秘密捐赠者［J/OL］// 彭博商业，2003-11-30.

中心1991年的一项调查显示，捐赠者保守他们的身份秘密的主要原因是避免各种筹集资金活动的纠缠。研究表明，50.6%的匿名捐助者这么做的原因是为了最大限度地减少其他组织向他们提出要求（该项研究中的下一个最常见的动机，是虔诚的宗教信仰，占调查对象的5.3%）。其他捐赠者担心人们发现他们很有钱之后会遭到绑架，或者他们想避免思想上反对慈善事业的人对他们的敌意。还有一些有钱人喜欢匿名捐赠是因为他们了解自己的财富环境，想做到一种平衡，而不是为了得到好评。

尽管宗教和文化普遍对公开捐赠提出了警告，而且有很多其他的理由来支持匿名捐赠，许多捐赠者依然选择公开的方式。匿名捐赠者不能成为通过自己的慈善行为激励别人的领导者，而且剥夺了基金会通过捐赠的力量来吸引其他捐赠者的机会。

如果我们不给捐赠者命名的权利，我们肯定不会得到更多的建筑物、图书馆和公园里的长椅。由于社会是最终的受益者，所以我不会贬低自我去做推销者。

什么样的给予会让你更快乐——匿名还是公开？

我们再回到派拉蒙电影公司。戴维·福斯特给我讲述了就公开捐赠和匿名捐赠在内心产生的斗争。

"很显然，我喜欢做善事。我一定是出于自私而喜欢获得荣誉；因为我不是一个完美的人，所以我承认这一点。人们对我说，'哎呀，您做了这么多慈善的事，真是太伟大了'。我的回答也是一句不知说了多少遍的话，'我比他们得到的还要多'，事实也是这样的，我自己获得的也不少。我不只是出于我的心而这么做。我在做善事时候自己也从中受益。"他说道，同时为自己所称的"肤浅"的回答表示歉意。他揉了揉太阳穴，袖子从手腕滑落，露出了中世纪哥特式字体的"D"字文身。"我承认，如果在一幢建筑物上看到了我的名字，我或许就会变得'很酷'。我的孙子可以去那里拜访。"

"曾经有人告诉我，如果你想测试自己，就去有一大群人的地方。找一个无家可归的人，在他旁边的地板上悄悄地放下一张50美元的钞票，但不要让任何人看到这是你做的。把它放在那儿，然后确保这个人能看到它，但他不知道你放的。然后离开，看着他把钱捡起来。然后你过去抓住他，并告诉他，'嘿，哥们儿，我是第一个发现的'！他会说，'不，不是你，是我先到这里的'。然后你和他争吵。人们会揭竿而起，因为你这个家伙企图窃取一个无家可归的人的50美元。最后，你满怀怜悯地说，'好了，是我第一个到这里的。不过好了，我不想和你争了。是你错了'。然后走开。这是真实的、真正的给予艺术。"戴维说。

这让我想起了发生在史蒂夫·乔布斯（Steve Jobs）身上的事情。他经常受到斥责，因为即使在苹果极为成功之后都没有拿出足够的钱来用于慈善事业。后来才有人发现，他和妻子一起匿名捐出了数百万美元。即使在发现别人攻击自己缺乏慈善心的时候，乔布斯也是对自己的捐助行为闭口不谈。

乔布斯去世之后，在他的遗孀劳伦·鲍威尔·乔布斯接受《纽约时报》采访时，才第一次谈到了他们夫妇的慈善行为。"我们尽可能以各种方式谨慎地对待宣传为别人做过的事情，我们不想把自己的名字和这些事情绑在一起。"她说。据报道，乔布斯把自己的5000万美元捐给了加利福尼亚的医院。据他的继任者蒂姆·库克（Tim Cook）讲，这些钱用于修建儿童医疗中心和一幢新的主楼。人们还发现，乔布斯在治疗艾滋病方面出手也很大方。但是，在慈善方面他做得是那么隐秘，甚至和他的传记作者都没有提起过。

"匿名捐赠的同时，让别人认为你是个混蛋，我还没有达到那个境界。"戴维说道。

只要保持现状，他似乎会感到更快乐。2013年由英属哥伦比亚大学和哈佛商学院的研究人员所做的一项研究发现，通过建立社会关系的方式直接给你认识的人捐赠，要比为某个组织匿名捐款更能让人感到快乐。[①]

据研究团队之一的诺顿讲，"对于哪一种捐赠方式更合乎道德，不同的人有不同的看法。但事实证明，和匿名捐赠相比，公开捐赠过程中接受者和周围的人都知道是你在赠予，这对一个人的幸福感更为有利。目前，匿名捐赠仍然让你比给自己花钱更快乐。再次要说的是，给予往往是自私的，但如果你给予，通过公开捐赠获得社会上的赞誉事实上要比匿名捐赠更好。人类的一个基本反应是：我们喜欢别人微笑着向我们道谢。如果匿名捐赠，你就失去了这种获得快乐的机会。但是，在公开捐赠的时候，你不仅能够得到向别人给予的满足感，而且还能获得别人的赞扬，我们知道这对一个人的幸福是很重要的。"

给予的越多，生活就越幸福

这不仅关乎你在给予过程中得到的快乐，而且关乎你在给予过程中遇到的人。"你会遇到很多以前从来没有见过的好人，"莫·易卜拉欣说，"在慈善事业背景之下，是没有个人利益的，有的只是如何改进你正在做的工作，如何在彼此的工作上取长补短。我们怎样才能使1+1=3呢？"

当他在头脑中翻阅遇到过的人的名单时，不是在攀亲带故，而是真正

---

① 劳拉·阿克宁，伊丽莎白·邓恩，吉莉安·桑兹特拉姆，等. 社会联系把善行变成好的感觉了吗？ "社会"在亲社会支出中的价值［J］// 国际幸福与发展杂志，第1卷第2号，2013：155-171.

被名人、摇滚歌星和诺贝尔和平奖得主的数量所震惊，这些人在成为公认的慈善家之后，在某种程度上找到了人生的道路：德斯蒙德大主教·图图（Desmond Tutu）被易卜拉欣描述为"总是说真相的人，而且是说出权力真相的人。这是非常罕见的。真相会让人感到不方便、不礼貌、令人震惊——但他从不回避。但与此同时，他也有着最迷人、最亲切的微笑，还有幽默感和谦卑的态度"。纳尔逊·曼德拉（Nelson Mandela）被描述为"有着让人难以置信的性格，是一个不可思议的能原谅他人的人，甚至能原谅他的敌人"。爱尔兰前总统玛丽·鲁宾逊在易卜拉欣的办公室里自己做咖啡，有一次还说在莫·易卜拉欣基金会工作"很有趣"。谈到比尔·盖茨时，他说："我的意思是，比尔·盖茨曾来这里看望我们！"易卜拉欣指着我的座位说那是微软的创始人上个月坐过的地方。最后说："这是博诺（Bono）。"博诺渊博的知识让易卜拉欣感到吃惊，并纠正他怀疑摇滚明星是一些"吸毒、弄脏宾馆房间、轻薄的微不足道的人"这样的怀疑之见。

易卜拉欣发现，做一个给予者不仅在慈善领域打开了一扇门，而且在商业领域也同样打开了一扇门。"任何一个企业都想成为你的合作伙伴。你就像拥有了让许多企业都想和你建立联系的健康证书。遗憾的是我无法利用它，因为我真的希望大部分时间都花在基金会上。"

戈尔迪·霍恩（Goldie Hawn）谈到了她在做慈善家的旅程中遇到的人，"一路上你遇到的人让你意志坚定，让你激动，让你快乐。你遇到的是和你做同样事情的人。这让你们联系在了一起，它这也是一种永恒的喜悦。你怀有巨大的感激之情，但你同时也意识到，有一个世界拥有越来越多关于我们未来和人类的共享之爱。他们都是乐观主义者；他们相信改变，认为他们可以帮助人们发生改变。这些都是作为人类的伟大品质"。

MTV的共同创立者汤姆·弗瑞斯顿（Tom Freston）补充道："在你给

予的时候，一扇门打开了，接着10扇门打开了，它让我的朋友圈和熟人网变得更多彩，更有趣。沿着这条路走下去，你会发现有更多的好事去做，作为回报，你身上也会发生更多好事。"

在某些情况下，显得有点矛盾的是，把钱给出去之后，又会让你赚来更多的钱。正如特德·特纳（Ted Turner）所说，"慷慨大方经常让我感觉很好，似乎每次当我把钱捐出去之后，又会赚来更多的钱"。根据比尔·阿克曼（Bill Ackman）在他的捐赠承诺中所说："我给予的动机并非是受利润动机的驱动，可以肯定，在把钱捐出去的同时，我也得到了经济上的回报。并非通过任何直接的方式，而是由于我所遇到的人、我所接触到的观念，以及把钱捐出去之后获得的体验。还有我的一些亲近的朋友、伙伴和慈善捐赠过程中遇到的顾问。他们的建议、评价和友谊在我的事业和生活中都是无价的。你给出去的越多，生活就越富有。"

慈善：新的地位象征？

> 不要憎恨所有的富人，他们并非全都是坏人。相信我，我也认识一些好不到哪里去的穷人。
>
> ——约翰·沃特斯
> （John Waters）

在以色列阿瓦拉裂谷（Arava Rift Valley）死海之南的39平方千米的沙漠区域，来自特拉维夫大学的研究者们花了三十多年的时间来研究一种叫阿拉伯鸫鹛（Arabian babbler）的鸟。阿拉伯鸫鹛是一种体型小巧的灰褐色的鸟，它们在等级森严的稳定群体当中一起生活。研究者们在沙漠中的所见让一些科学家把这种鸫鹛称为"终极的好好先生（Mr. Nice Guys）"。它们生活在由20只成年的鸟组成的群体中，每个群体都有自己的领地，所以会防备其他群体的掠夺者。群体中的所有成员一起劳作，哺育几只出于统治地位的鸟儿的后代。它们的合作行为远远超出喂养小鸟。成年鸫鹛也互相喂食、梳理羽毛，相对而视，甚至夜间待在一起互相取暖。

但真正让研究人员感到惊讶的是，不仅这些鸟儿对彼此很友好，而且它们之间还相互竞争，看谁是最好的，谁能最终愿意为了群体的利益而牺牲自己的生命。鸫鹛与群体当中没有亲属关系的成员竞争做岗哨，负责从树梢观察捕食它们的肉食动物，以便出现潜在危险时发出警告。[①]哨兵的职责需要把自己置于比其他鸫鹛死亡危险更高的处境当中。令人惊讶的是，这些鸟儿不是避免这种牺牲自我的工作，而是相互为了它而争夺。在优胜劣汰的动物王国，这种行为似乎有些不太正常，甚至奇怪。

这些鸟类利他行为的根源到底是什么呢？

一个猜想是，它们互相帮助是因为它们之间有亲属关系。通过付出，让其他与自己有共同基因的鸟儿更好地生存，一个个体可以获得某种遗传基因。在这些有着亲缘关系的鸟儿可能共享帮助行为的同时，这种特点就会发扬光大。但是，研究人员跟踪了二十多群鸫鹛个体的繁育的过程之后，发现不是所有的群体成员都有亲属关系——所以第一个解释是站不住脚的。

对鸫鹛的慷慨行为的第二种可能的解释是为了该物种的生存。互相帮助的鸫鹛群体，可能会比那些没有互相帮助的群体生活得更好，因为它们不容易受到攻击，或者因为在哺育下一代方面做得更好。但研究人员反对这种解释，因为鸫鹛让其他群体成员而不是自己干活能够得到同样的好处（不易受食肉动物的攻击）。然而，鸫鹛绝非是利用同伴们帮助同类的倾向，而是浪费精力阻止其群体成员帮助自己。

---

① A. 扎哈维. 不利条件原理：一块失踪的达尔文拼图［M］. 牛津：牛津大学出版社，1997.

对鸫鹛这种帮助行为的第三种可能的解释是出于互惠：也许鸫鹛们互相帮助，是期望在未来会得到回报，不管是以实物还是其他形式。然而，这种解释似乎并不有效，因为在鸫鹛的社会体系当中，所有的关爱就只有一种途径，而且它们对想要回报它们善行的成员怀有敌意。例如，对于一只占主导地位的鸫鹛来说，如果它解除了地位比它低的成员岗哨的职责，而接下来那个成员又企图重获该职责时，这只鸫鹛会表现得很有攻击性。

鸫鹛有一个主要基于年龄和性别的复杂的社会等级体系。在这个体系中，雄性优先于雌性，大鸟主宰小鸟。但在这个严格的体系框架内，还有另一套系统在运行。在年龄和性别相同的情况下，其社会地位取决于每只鸟的表现有多好。这正如《新科学家》（*The New Scientist*）所解释的：

> 既然接受别人的善举可能会降低自己的地位，要有好的表现就会遇到重重矛盾。例如，一个出于下属地位的鸟儿即使在挨饿的情况下，也可能会拒绝另一只鸟儿给它喂食，因为这样做会降低它的地位。处于下属地位的鸟儿尽可能多地花时间喂养小鸟，因为这样可以提高它们的社会地位。但是，当占统治地位的鸟在巢里的时候，其他的鸟儿就得走开。如果不是这样，这只占主导地位的帮助者就会给它梳理羽毛——通过非攻击性的方式彰显其地位。为了获得哨岗的职责，鸟儿们以同样的方式进行竞争。经常可以看到地位高高在上的雄鸟高踞树梢，密切关注着捕食它们的动物。偶尔，它也会被一只地位低一点的鸟儿取代，但当它希望重新回来的时候，会以喂食的方式解除这只鸟的职责。

那么，鸫鹛行为的背后到底是什么呢？以色列进化生物学家阿莫兹·扎哈维（Amotz Zahavi）从20世纪70年代开始研究鸫鹛，他反对前面提到的三种可能性，倾向于更简单的解释。他认为，鸫鹛的这种美德是一种品质或生物适应性的信号——就像孔雀雄伟壮观的尾巴是其健康的信号一样。友善是一种无法伪造的信号。这种类型的信号对一个潜在的哺育对象显示自己是一个多么好的伙伴。换言之，鸫鹛的"利他行为"已经演变成为一个社会信号体系，给个体带来了直接的益处。鸫鹛在群体中地位爬升得越高，它就越有可能获得繁殖的机会。"尽管由于亲属选择和互惠理论的主导地位，研究者们对其熟视无睹，但在大多数情况下，发出信号可能是动物利他主义动机所在。"扎哈维说。这一结论也许令人失望，但这种模式在人类当中得到了体现。

在美国本土的夸扣特尔部落冬季赠礼节里，部落酋长竞相送出他们的财产。[①] 相应地，谁捐赠出来的东西最多，谁就被视为群体当中地位最高的人。[②] 人类学家在众多的狩猎采集社会中观察到了类似的"利他信号"案例，其中包括巴拉圭的埃可部落（the Aché of Paraguay）和澳大利亚梅里亚姆部落（the Meriam of Australia）。[③]

利他性竞争贯穿了历史和当代文化，从跨大西洋的赞助航行和欧洲皇室华丽的歌剧赞助活动，到诸如特德·特纳（Ted Turner）和比尔·盖茨这些当代大亨们的大举捐赠活动，还有小镇的家庭主妇们渴望成为最佳晚餐

---

① 道格拉斯·科尔，艾拉·查金. 一只对人民的铁拳：法律对西北海岸波特拉奇的制裁 [M]. 温哥华：道格拉斯麦金太尔出版社，西雅图：华盛顿大学出版社，1990.

② R. S. 洛克哈特，B. B. 默多克. 记忆与信号检测理论 [N] // 心理学公报，第74卷第2号. 1970：100.

③ 埃里克·奥尔登·史密斯，丽贝卡·布里吉·博德. 海龟狩猎和墓碑的打开：作为昂贵信号的公共慷慨行为 [J] // 进化与人类行为，第21卷第4号. 2000：245-21.

E. A. 史密斯，R. B. 博德. 昂贵的信号与合作行为 [M] // 道德情感与物质利益：经济生活合作的基础. H. 金迪斯，S. 鲍尔斯，R. 博伊德，等. 编辑. 马萨诸塞州剑桥：麻省理工学院出版社，2005.

聚会主人的付出等。①研究表明，为了群体中陌生人的自我牺牲会提高自我牺牲者在群体中的地位，也增加了被选为领导者的机会。②在像纽约、伦敦和中国香港这样的城市，数不胜数的慈善晚会证明"有爱心"无疑可以显示社会地位。在世界各地，有迹象表明慈善事业是新的潮流，拥有自己的慈善基金会是体现社会地位高的最终标志，它要远远超出拥有奢侈品可以体现威望、豪华和高级的标志。

虽然消费高端汽车、珠宝和服装肯定仍然是21世纪大家所期望的社会地位的体现，但不断发展的社会规范表明，具有讽刺意义的是，高的社会地位可以通过朴素的生活来实现，特别是通过最大限度地减少对环境的影响来实现。这被称为"招人注意的保护"行为。事实上，在高度关注环境破坏和全球气候变化的过程中，有益于环境的贡献会提高社会地位，而以前是通过炫耀浪费行为来得到的。通过环保行为获得的地位是如此被大家所重视，以至于房主们甚至在他们屋子不直接暴露在阳光下的两侧也安装起了太阳能电池板，如此昂贵的设备可以从街上看到。安装家庭太阳能电池板和购买汽车的决定成了两种最为常见的家庭消费决策。

① 杰姆斯·布恩. 大度的演变：何时给予比接受更好？[J] // 人性；第9卷第1号. 1998：1-21. 地位信号，社会权力和宗族生存 [M] // 行动中的等级：何人得益？. 迈克尔·迪尔，编. 卡本代尔：南伊利诺伊大学出版社，2000：84-110.

V. 格利斯科维休斯，J. M. 苔伯，J. M. 萨迪，等. 炫耀的仁慈和炫耀式消费：当浪漫的动机引起昂贵的战略性信号 [J] // 人格与社会心理学杂志，第93卷第1号. 2007：85-102.

② M. 古尔文，W. 艾伦-亚乌，K. 希尔，等. 美好的生活：在巴拉圭的痛楚中发出慷慨的信号 [J] // 进化与人类行为，第21卷第4号. 2000：263-282.

C. L. 哈代，M. 范·沃格特. 首先完成的是好人：竞争的利他主义假说 [N] // 人格与社会心理学公报，第32卷第10号. 2006：1402-1413.

M. 米林斯基，D. 塞姆曼，H-J. 克兰姆贝克，等. 稳定地球气候并不是一场失败的游戏：来自公共产品实验的支撑性证据 [C] // 美国国家科学院会议录，第103卷第11号. 2006：3994-98.

你可以问问自己什么是最重要的事情

> 如果你不想在离开这个世界的时候被人忘记……要么写点值得读的东西，要么做一些值得写的事情。
>
> ——本杰明·富兰克林
> （Benjamin Franklin）

2011年在一家私人银行工作的时候，我带领了一个小组，在中国、印度、印度尼西亚、日本、马来西亚、菲律宾、新加坡和泰国调查了两百多名从事大量的慈善活动的人。我们要求受访者按优先顺序就他们为什么从事慈善事业列出原因。[①]那么他们给出的首要原因是什么呢？

我认为答案应该是"有所作为""帮助有需要的人""履行宗教义务"，或者如怀疑论者经常认为的，"履行纳税义务"。结果都是错的。第一个原因，引用总受访者当中42%的人（在香港的受访者中高达73%）的回答，其首要原因是"确保家庭价值观的连续性或创造持久的遗产"。

"遗产是一件愚蠢的事情！我不想要遗产。"[②]比尔·盖茨在2011年的一次采访当中说道。但他偏移了主题，因为遗产这一话题，或者让人们能够被记住的东西，在我与见到过的世界各地的富人们讨论时几乎都提到过，其中包括在2011年的一项研究当中。我如何被大家记住？在我离开这个世界的时候，人们会怎么评价我的言行及对别人的影响？

让人不解的是，在把成功看作自己持久的财产时，许多富有、成功、著名的人士都表现得犹豫不决，都不希望自己因为现有的原因而被记住。戴维·福斯特说："我希望我的基金会成为我的遗产，而不是我的音乐。

---

① 《瑞银亚洲家族慈善学院研究》中提出："追求幸福或找到成就感不包括在受访者的选择之内。"

② 卡洛琳·格莱汉姆. 每日邮报［N/OL］. 2011-07-09.

尽管在现实生活中这不可能发生，我的音乐事业可能会让我的慈善工作相形见绌，但我还是坚持这么想。"创立世界上第四大对冲基金的汤姆·斯泰尔，个人财富估计为15亿美元。他在接受采访时说："我真的不希望自己生命中的亮点是一个成功的投资者。真的是这样。我的看法是，在你离世的时候别人还在因为你1974年进的那个球而谈论你。"[①]甚至连歌手凯蒂·派瑞（Katy Perry）也说："我不能只是那个唱'我吻了一个女孩'的女孩。我要留下自己的遗产。"

"开始的时候就要想到结局。"史蒂芬·柯维在他的常年畅销书《高效人士的七个习惯》（*The 7 Habits of Highly Effective People*）中写道。思考遗产要求通过对各种事情的权衡想象到自己的结局。我们当中许多人都在想：在这个世界上我们会留下什么痕迹？

为了到头来不会遗憾，这或许是你可以问自己的最重要的问题。知道这个问题的答案，有助于你每一天都按自己想要的去生活，而不是感到空虚、痛苦和遗憾——对许多人来说，答案就是给予。迈克尔·彭博米在他的捐赠承诺中说："给予让你留下一笔许多人都会记住的遗产。我们记住洛克菲勒（Rockefeller）、卡耐基（Carnegie）、弗里克（Frick）、范德比尔特（Vanderbilt）、斯坦福（Stanford）、杜克（Duke）这些人，更多的是因为他们产生长期影响的慈善事业，而不是他们创建的公司，或他们的后代。"

我将会因何而被别人记住？

或

你的遗愿是什么？

---

① 乔·哈根. 汤姆·斯泰尔：一位亿万富翁［J/OL］. 男士杂志，2014-03.

"你得问自己，'我会因何而被别人想起'？虽然你成功了，也可能没人想起你。但是，如果你有影响，就会有人想起你。有影响更容易引起别人关注，更容易让人重视你的成功。"奥基·尼托（Augie Nieto）在他于2013年9月发给我的一封电子邮件中这么说。虽然我从高中就一直以阅读速度见长，但奥基的邮件我读得很慢，边读边在头脑中闪过每一个拼写错误的词，我知道他不能说话，为了给我答复，他得在一台专用计算机上用他的大脚趾打字。

> 2013年8月20日
>
> 珍妮：
>
> 　　您好。对不起，我没有及早给您会信……星期五我们又有了一个可爱的宝宝，所以这是一个繁忙的一周！我已经回答了您的问题。
>
> 　　如果还有其他所需，请告知。让我感激不尽的是您能对我的故事感兴趣！
>
> 　　……
>
> 奥基

奥基是美国健身业史上最成功的创新者之一。1977年，在他只有19岁的时候，他买了生命周期品牌（Lifecycle）健身脚踏车的营销权，之后不久又与别人共同创建了生命周期公司（Lifecycle）。在后来的20年里，该公司（现在叫力健公司——Life Fitness）已经是世界上最大的商业健身设备制造商。几乎每个健身房的会员都曾在多功能训练器、跑步机和力量健身器材上看到过醒目的力健公司标志。他们的设备供严肃的健身爱好者、专业运动员，甚至是奥运选手选用。公司业务的不断增长，英俊强壮、喜欢蹦极和跳伞的奥基是公司设计、高端健身器材，以及与健身相关的产品的绝佳代言人。

然而，2005年3月，他的生活发生了意想不到的转变。由于命运的不幸，他变得与曾经代言过的健康而充满活力的形象截然相反。这件事发生在他去越南之后不久。他在滑水的时候跌倒，等回去之后甚至连刮脸都做不了了。花了一周时间在梅奥诊所（the Mayo Clinic）做了一连串的测试之后，他被诊断出患有肌萎缩性侧索硬化症（ALS或葛雷克氏症），这是一种罕见的退化性疾病，会慢慢杀死神经，让肌肉衰弱无力。它对人是一种折磨，因为在你一块一块的肌肉和四肢丧失功能的时候，你的头脑仍然清醒，让你目睹自己身上发生的一切。一般情况下，患者在5年之内就会变得无法移动。不能自己吃饭、自己呼吸，直至最终死亡。确诊后不久，奥基逐渐失去了爬楼梯、抓东西、吃饭、咀嚼、吞咽、洗头、刷牙、拉裤子拉链，甚至擦屁股的能力。他坐在轮椅上，无法说话。他只能眨眼（一次表示肯定，两次表示否定），通过脚趾来操作电脑。

美国大约有3万人患有肌萎缩性侧索硬化症。对于大型制药公司来说，这个数字太小，不值得投资上百万美元来开发有疗效的药物，这也是为什么过了多年之后，直到奥基·尼托以其敏锐的商业触觉决定改变现状的原因。他和肌肉萎缩协会进行了接洽，提出的条件是：如果他能支配资金的开支，他可以筹集数百万美元。他们同意他的条件，于是他成立了"奥基的追求"（Augie's Quest）组织。它们通过积极进取、受治愈驱动的努力专注于寻找肌萎缩性侧索硬化症的治疗方法和药物。他开始在公众场合频繁露面，为其他的病友筹集资金，他还用脚趾打字，写出了两本书。他现在筹集到的资金已经超过了4000万美元——这在疾病史上史无前例。"在我被确诊为肌萎缩性侧索硬化症之前，我很成功。但是，直到我被确诊、参与到'奥基的追求'之后，我的生命才变得有意义。此前一切都是为自己，"奥基说，"自那以后，一切都是为了整个世界。我对现在参与的工作有一种紧迫感。病友们的生命，包括我自己的生命，都处于危险之中。每一周我都和其他病人的家属交流，一起和肌萎缩性侧索硬化症斗争。我听到了他们的恐怖故事……面对肌萎缩性侧索硬化症带来的挑战，他们争取医疗保险，负担不起护理费用和适当的医疗器械，无法与亲人沟通，感觉被世界所孤立，为找不到治愈的办法而沮丧。"

我问他感觉如何，他的回答是："如今我感觉非常好！我和琳恩（Lynne）星期五迎来了我们的第2个孙子迈克尔·安得烈（Michael Andrew）！我的一天一般是这样度过的：早上6点醒来，和护士开始早晨的常规起居。我不想谈论细节，但通过起降设施离开病床、洗澡、上卫生间、用抽吸器吸出体内的液体，然后被安排到轮椅上，这个过程需要2～3小时。在周一、周三和周五，我们开大约一个小时的车到克莱蒙俱乐部（Claremont Club），在那里我和理疗师一起实施行走计划。周二和周四，我自己进行锻炼，在一台悍马（HammerStrength）、力健（Life Fitness）和魔界重生（Octane）的朋友们专门为我设计的机器上压腿、提踵。在剩下的时间里，去参加董事会会议、回复电子邮件、筹款会议和接待来访的客人。我用WebEx和Skype在家里处理大部分的事情。"奥基也在设法保持自己幽默感（我们的采访结束时，我问他是否还有什么话要说，他说道："肌萎缩性侧索硬化症只影响了自主的肌肉运动。所以，我的雄风依在！"）。

"最主要的是，我的角色不是基于我是力健公司的创始人，"他说，"大家知道我是因为别的事情。我是一个拥有超过45项专利的发明者。我可以利用企业家和发明家的背景，创造更多的东西，让我（以及其他的病友）更好地适应肌萎缩性侧索硬化症。其中的一个例子是咬合开关。这是我睡觉的时候放在口中的一个小工具。它可以在我需要帮助的时候给看护我的人报警。这让我能够在晚上平静地睡觉，要知道，对患肌萎缩性侧索硬化症的人来说，夜晚是非常可怕的。我和其他人分享了这个工具，他们现在正在使用它。我喜欢提出各种新的想法，并实现它们。'奥基的追求'是我现在的主要事业。我是许多董事会的成员，但一切都在围绕着马萨诸塞州剑桥肌萎缩性侧索硬化症治疗发展研究所（ALS Therapy Development Institute）的研究来寻找治疗办法。"正如力健公司的现任总裁克里斯·克劳森（Chris Clawson）所说："奥基力健公司的合伙创始人，他引领公司成为世界领先的健身器材制造商，但他最大的成就是在他被诊断出患有肌萎缩性侧索硬化症之后。"

根据"奥基的追求"资助的肌萎缩性侧索硬化症治疗发展研究所负责人史提夫·佩兰（Steve Perrin）的观点是："我们现在就像19世纪中叶面对多发性硬化症一样，处在风口浪尖。"那时，像今天的肌萎缩性侧索硬化症一样，患多发性硬化症就等于判了死刑。当时开发了一种药物，能让患者活四五十年，现在有十几种药物来治疗多发性硬化症。"产生的影响可能改变游戏规则，"他说，"一旦有了重大突破，你就会看到多种有疗效的药物。"

"我的目的是每一天都去庆祝我能做什么，而不是关心我不能做什么，让我的家人和朋友知道我是多么爱他们、感激他们，并打败这个称为肌萎缩性侧索硬化症的家伙。"奥基说。2013年的时候，我问他的遗愿清单是什么，他说的第一件事就是"明年夏天陪着我的女儿琳赛（Lindsay）在她的婚礼上走过红地毯"。他的确在2014年7月做到了这一点。接下来的一件事是"把'葛雷克氏症'①变成'奥基·尼托治疗法'"。

---

① 即肌萎缩性侧索硬化症——译者注。

捐赠者的疲劳：当给予使你感到精疲力竭时

诚然，给予这一行为让人感到愉悦，大多数情况下，也的确是这样。我所认识的慷慨者中，面对给予，他们立刻想到的词语便是"欢欣""快乐"，因为他们自己从慈善事业中得到了极大的满足感和充实感。

但是，如果给予是这样一件令人感到愉悦的事，那我们又怎么解释"捐赠者的疲劳"，或面对慈善事业，捐赠者所产生的疲倦与消极的反应呢？

"捐赠者疲劳"这一现象与我之前所呈现出的愉悦画面大相径庭，但这一现象又的的确确是存在着的。我们每天都会收到来自慈善机构的求助信。一位志愿者说道："我不得不承认，我对慈善的热情都快耗尽了，当然，我依然愿意为慈善事业尽力，希望我能克服这一波心理疲劳的波动。我感到这种心理疲劳已有些日子了。一切似乎都是关乎钱！除了钱还是钱！即使我捐出我的所有财产，依然不够，我努力克服这种心理疲劳，但需要强调的是，我感到克服这种心理很难。"一位来自新加坡的慈善家把自己家族经营的一笔慈善基金称为"不讨好的工作"。当一些重大自然灾害发生以后，无论是2004年发生的印度洋海啸，还是卡特里娜飓风，成千上万的捐赠者都被连绵不断的求助请求折腾的身心疲惫。我个人也遇到过一些令人感到生气、沮丧、厌烦，甚至让人心灰意冷的慈善捐助。此时此刻，大家好像都满腹牢骚，包括我在内，这只是对自己情绪的一种真实流露。

我们如何来调和这两种截然不同的情绪呢？以下是我摸索出来的一些方法：

1. "捐赠者疲劳"不会因为捐赠者因捐款变得身无分文而发生。捐赠者感到疲劳的主要原因是捐赠者不能确定他们捐出的善款是否大部分用在了最需要的地方。没有一个捐赠者认为"捐赠者疲劳"是因为捐出了太多的钱给太多的慈善事业。事实上，几乎我们每一个人都可以再多捐出那么一点点。

2. 造成"捐赠者疲劳"的最主要原因是捐赠者的慷慨未能与他的热情所匹配。大多数情况下。慈善机构都会去寻找社区里的有钱人来寻求帮助，认为有钱人有实力去做慈善。慈善机构没用花足够的时间来弄清楚某一慈善事业与捐赠者的热情是否匹配。大多数捐赠者也没有弄清楚自己到底对什么样的慈善事业有热情。

美国威斯康星州多尔县基督教青年会的副会长辛迪·韦伯（Cindy Weber）说："我相信给予是快乐的。我想不起有人给我支票的时候是皱着眉头的。但是，我们不要期待所有的人对慈善事业都是一样的热心。生活中有一些人也许不怎么关心猫、狗、孩子、老人、艺术、音乐和对自然或历史的保护，这不意味着他们就是坏人，这只能说明他们对慈善事业不感兴趣而已。"

对善款筹集者的启示建议

对善款筹集者来说，最难的事情之一是当一个好听众。大多数善款筹集者想讲出自己的故事、分享自己的成果、谈论自己在慈善事业中的影响。当然，这一切都很重要，但是当我们要拜访一位潜在的捐助者时，我们首先要做的是闭上自己的嘴巴，认真地倾听。当善款筹集者静静地听完潜在捐助者的故事时，奇迹也许就在此刻发生了。

为了让捐赠者的体验有回报、有意义，善款筹集者应该问潜在捐赠者以下一系列的问题：

- 为什么你会成为一个支持他人的人？

- 我们工作的哪一方面让你最为激动？

- 如果资金不是问题，你需要看到我们做什么呢？

- 10年或者50年之后，我们的机构在你的眼里是什么样子呢？

如果慈善机构既不告诉捐赠者他们捐的钱花在了什么地方，也不拿机构的使命来鼓励他们，那么给予就变成了一种负担。如果慈善机构把捐赠者的行为堪称理所当然，就会出现捐赠者疲劳的状况。但是，如果慈善机构满怀感激与尊重地对待捐赠者，捐赠就成立一种难以置信的能带来成就感的体验。

有钱人的担忧

> 必须经历贫困，才能知道什么是奢侈的给予。
>
> ——乔治·艾略特
> （George Eliot）

舍维希在他历时数十年对财富和慈善活动的研究中提出了一条令人信服的理由，那就是特别富有的人——尤其是财富源于继承而不是靠自己赚取的人——与其说更有成就感，还不如说只是过得舒适而已。除了其他的困境之外，调查中的受访者称他们感到已经失去了对任何事情抱怨的权利，因为担心别人说他们的抱怨听起来（或者就是）不知道感恩。那些有孩子的有钱人担心，如果留给子女的遗产数量过大，会使他们变成信托基金行业里不讲规矩的人，相反，如果把这些财产遗赠给慈善机构，又会引起子女的不满。我有一个净资产超过30亿美元的朋友，他说："我想让我的孩子挨饿——这绝不是说说而已。他们是很好的孩子，但我只是担心他们过得太舒服。"非常富有的人担心金钱是对他们的诅咒，会造就出浪荡、漫无目的、药物成瘾的信托基金一代。

舍维希调查的受访者也吐露了他们的心声，他们感到自己与外部的关系也随之发生了变化。在某些情况下，他们与外部的关系取决于自己的财富。一位调查对象写道："几乎没有人知道我有多少财富，如果知道的话，大多数情况下会改变和我的关系。"另一位这样写道："我开始想，如果大家知道从我身上无利可图的时候，他们当中有多少人会与我绝交？"一些朋友消失了，还有一些——或许受新的财富的吸引——又来了。如果有钱人真的去工作，有时会引起同事们的不满，原因是他们正在"拿走"别人需要的工作。

有一些人承受着一种痛苦，这种痛苦又是大多数人期盼的：暴富综合征（Sudden Wealth Syndrome）。这一术语是心理学家斯蒂芬·古德巴特（Stephen Goldbart）所创，用来描述伴随意外之财而产生的压力、罪恶感、社交孤独和迷惘感。这种症状发生在彩票中奖者、从赤贫到暴富的名流或网络红人身上。拥有财富本该是件好事，却产生了不好的结局。好多人因为一夜暴富而变得不知所措，开始烧钱，对周围的人产生疑心，感到无聊，觉得自己再也不需要去工作，质疑自己在这个世界上存在的目的。

收获情感红利，而非物质红利

> 我决心停止对财富的积累，去执行一项更艰难、更重要的明智任务。
>
> ——安德鲁·卡耐基（Andrew Carnegie）
>
> 没有人会因为接受而获得荣誉。荣誉是对给予的回报。
>
> ——卡尔文·柯立芝（Calvin Coolidge）

最终，一些有钱人发现了从事慈善事业带来的满足感。舍维希说，这些有钱的慈善家所经历的正是与生俱来的关爱他人的美德。不管我们的收入如何，这一美德为我们最大的幸福开辟了路径。"在每一个实例当中，我都发现，有一些真正深层的东西在关爱别人的过程中，财富被当作一种工具来使用，"他解释道，"我开始更深入地研究慈善事业的意义。我发现的不只是快乐，而且还有希望和满足感。我发现人们在通过一种比日常生活更深刻的联系来体验成就感。"伦敦的社会名流和慈善家雷努·梅塔（Renu Mehta）直言不讳地说，她从事慈善事业"既是为了得到有价值的自私的满足感，也是为了利用相关资源对抱负的追求"。莫·易卜拉欣（Mo Ibrahim）一言以蔽之——"这是一种情感上的红利，它和物质红利不同"。 这些都重申了英国社会政策的先驱理查德·蒂特马斯（Richard Titmuss）的观点，认为人们相较期望回报，服务大众的精神更能让人们受到激发。例如，在英国有一个成功的无偿献血体系，捐血者除了得到一些免费的茶水和饼干之外，其他什么都没有。

美国商人、俄勒冈州波特兰市的罗利·洛基（Lorry I. Lokey），现年88岁。他在1961年创立了《美国商业资讯》（*Business Wire*），现在已经把超过4亿多美元捐赠给了各种慈善机构和学校。他说："在一些高校，基金数额如此之大，受资助者们用'变革'（transformational）一词来描述其作用。对俄勒冈大学（1.3亿美元）和密尔斯学院（3500万美元）来说，尤其如此。这给了我多么良好的感觉！此前，我可能会买一架喷气式飞机或游艇。在过去的20年里，如果我把钱花在购买船只、飞机或乡村俱乐部会员资格，就远远买不到这样的幸福感。我拒绝这样的事情。"[①]的确，洛基乘坐的是飞机二等舱，开的是混合动力车。

格里·兰菲斯特（H. F. "Gerry" Lenfest）创立了兰菲斯特通信公

---

① 蕾妮·弗约罗. 罗瑞·洛基：势不可当的捐助者［N/OL］. 旧金山商业时报，2013-10-25.

司（Lenfest Communications），并于2000年卖给了康卡斯特天信公司（Comcast），他经常被列入美国最慷慨的人员名单当中。他说："你不能通过一个人有多少房子、游艇或者飞机去衡量他。最终成就的是你对自己的感觉如何。把你的财富捐出去，有助于你获得这种感觉。"在过去的10年里，他和妻子玛格丽特（Marguerite）已经创建了一个奖学金基金来帮助农村来的贫困孩子去上更好的大学、赞助用于保护海洋立法的研究、创立了哥伦比亚大学兰菲斯特可持续能源研究中心（the Lenfest Center for Sustainable Energy at Columbia University），还是"美国教育行动"组织在费城的主要支持者，而且还资助了其他一百多项事业。在问及他和妻子为什么把大量的财富捐了出去的时候，他说："首先也是最引人注目的是在我们为有价值的事业捐赠的时候的那种喜悦感。"

给予的特权

"那是1997年，我从哥伦比亚大学毕业后回到中国。我和我丈夫有了我们的第一个孩子。我们在报纸上读到了关于一个女孩的故事，她学习非常努力，成绩也好，但是因为父母都从国有企业下岗，所以生活困难，没钱继续她的教育。我们深受她的遭遇的触动，于是想帮帮她。我们给了她一些钱。她母亲在他们小小的屋子里接待了我们。她仍然还没有工作，而且还生着病。"杨澜说这番话时，我们正坐在纽约市文华东方酒店（Mandarin Oriental hotel）的大堂酒廊。杨澜穿着得体而低调的灰色羊绒裙，白色的丝绸衬衫。以她的名声、财富和高贵的风范，她拥有女人想象中拥有的一切。"你帮助了我女儿，我们无以为报，"杨澜回忆起当时那位母亲说的话，"但我从报纸上看到，你刚刚生了个小宝宝。上海的冬天很冷，所以我为你们的小宝宝织了一套毛衣毛裤。"

"我很感动，因为在那一刻，我意识到，同情或帮助别人从来都不是单向的，而是一种双向的。那是我有意识参与慈善事业的开始。在那位生病的母亲用织给我们小宝宝毛衣作为回报的时候，我知道我们是完全平等的。从这些人身上，你得到了太多的东西。那不是一个人给了另外一个人什么那么简单；这是一种互相帮助。我感到很充实，我觉得我是幸运的。当人们让我进入他们的生活、分享一些他们最私密的愿望时，我认为这是一种特权。"

幸福的临界点

> 给钱是一件容易的事，任何人都能做到。但是，在决定把钱给谁、给多少、什么时候给，以及为何目的而给、如何给的时候，并不是每个人都能做到的，也不是一件容易的事情。
>
> ——亚里士多德

不是所有的人都已经或将会比易卜拉欣、洛克菲勒、彭博和斯泰尔斯这些人那样成功，46岁就退休、投入到有巨大成就感的事业，或者用家族基金会的捐赠来帮助宠物项目，让自己感到快乐。但是，从许多已经体会到给予快乐的有钱人的集体经历中，我们能学习到什么呢？

我们可以从66岁的雷伊·达里奥（Ray Dalio）——这位做事公正的美国商人那里取一点经。雷伊出生在纽约昆斯区，是爵士音乐家的儿子。他12岁开始投资，当时他300美元买了东北航空公司的股票，在该航空公司与另一家公司合并之后，他的投资翻了3倍。1975年，他创立了总部在康涅狄格州西港的布里奇沃特投资公司（Bridgewater Associates），2012年，它成为全球最大的对冲基金公司，管理全球近1200亿美元的资产。达里奥被称为是投资界的史蒂夫·乔布斯。2012年，他入选时代年度百大人物（Time 100），入选者为100位当年世界上最有影响力的人。2011—2012

年间，他被《彭博市场》（*Bloomberg Market*）列为最有影响力的50人之一。在机构投资者排名（Institutional Investor's Alpha）2012年财富榜中，他排名第二，截至2014年10月，其净资产达到152亿美元。但是，就像他在捐赠承诺里所言，并非一切总是那么如意：

> 我们有幸亲历了整个金融环境，从没有多少钱到有了很多的钱。幸运的是，这一切都是按最好的次序发展的。起初，我们担心无法应对基本的东西。等挣了更多钱的时候，我们有了轻松的感觉，再接下来感到钱的好处越来越少。我们学到，除了有足够的钱来保证基本需求——高质量的人际关系、健康、振奋人心的思想等——更多的钱就并不重要了。我们直接经历了幸福的研究所发现的：一旦基本需求得到了满足，有多少钱和有多幸福二者之间就没有相关性了。但是，对于一个人的健康和幸福来说，拥有有意义的工作和有意义的关系之间却有着高度的相关性。

雷伊给各种组织包括纽约大学艺术学院（NYU's Tisch School of the Arts）、达里奥人才识别基金（Dalio Talent Identification Fund）的基金、基督教的冥想世界社区（World Community for Christian Meditation）、"美国教育行动"（Teach for America）等机构捐过款。

加州河畔大学（University of California，Riverside）桑雅·吕波密斯基（Sonja Lyubomirsky）教授，是达里奥所暗指的这样一项研究的作者。"超级富豪可以控制大量的美国财富，却没有能力垄断幸福。金钱上的差异性是巨大的，但幸福之间的差异却很小。"鲁伯米斯基（Lyubomirsky）说："你不会花上一美元就买上等值的幸福的。"她补充说。

无须研究就可以知道，没有钱会遭受情绪上的痛苦和不幸。因为没有钱而导致的生活上的不幸有疾病、婚姻破裂和孤独等。但最近的一项研究指出了一个看起来很神奇的数字。一旦达到这个数字，金钱和幸福之间就不再有相关性了。该项研究结果发表在《美国国家科学院院刊》（*Proceedings of the National Academy of Sciences*），在2008年和2009年对盖洛普调查数据中的45万美国居民进行了分析。2002年诺贝尔经济学奖得主丹尼尔·卡尼曼（Daniel Kahneman）和另一位研究者美国经济协会前会长安古斯·迪顿（Angus Deaton）通过考察人们如何评价自己的日常幸福感和对生活的总体满意度，来探索金钱是否能够买到幸福这一问题。他们发现，幸福的临界点在7.5万美元左右——更多的钱可以让人们觉得自己的生活成功或者更好，但并不会让他们感到更愉快。

就收入超过12万美元的家庭来说，以10分为满分的标准，收入每增加一倍，人们对自己生活就越感到满意，但是，在问及对前一天感到幸福快乐的时间进行评估时——不管它们经历了大量的快乐、欢笑、生气、压力还是担忧——金钱能起作用的值是7.5万美元。超过这个数字，金钱并不能买到更多（或更少）的幸福（根据人口统计局美国社区调查，大约有1/3的美国家庭拥有超过7.5万美元的收入。研究参与者的平均家庭收入为7.15万美元）。

"当代美国，家庭超过7.5万美元之后，更高的收入既不会领你走向幸福之路，也不会缓解不快和压力。"卡尼曼和迪顿说。

你不需要治疗疟疾

我问雷·钱伯斯，如果我们没有能够治愈疟疾的金钱，如何才能找到快乐。"我认为你不必去做像解决疟疾这么规模宏大的事情。仅仅需要进入一个人的生活，清楚你可以给他们的事业和情感上的困难带来帮助，这就完全让人满意了。"

"与我所帮助的人相处时间越长、关系越深,"他继续说道,"我的感觉就越好。它不必是慈善行动——它可能是一句关爱的话、善意的想法。越是让自己隐身,关注别人,我的感觉越好。有人说通向幸福快乐最直接的途径就是为他人服务。我感受到了以前从未有过的内心的宁静。"

MTV的共同创立者汤姆·弗瑞斯顿补充说:"找到一些小事情,这比你想象得容易……它不需要你花很多钱,也不需要你花很多时间,但让你的生活更有趣,它会让你感觉更加有能力,会让你遇到其他很多有趣的人,你身上会遇到一些始料未及的事。所以试一试吧,你也不会失去什么的。"

第七章

该轮到你了

快乐给予的行动计划

当我做得好时，我就感到良好；而当我做得不好时，我就感到糟糕，这就是我的宗教信仰。

—— 亚伯拉罕·林肯

（Abraham Lincoln）

迄今为止，我一直在谈论给予如何给给予者带来好处的问题。亚当·格兰特（Adam Grant）在其畅销书《舍与得》（*Give and Take*）中谈到了商业背景下给予带来事业成功的原因，以及为什么有些人因给予而精疲力竭，有些人却因之而激动不已。有些给予者最终会被接受者利用，并且永远不会看到他们努力后应该得到的回报。在社会中也是如此：事实就是付出并不总是让人感觉良好。许多捐赠者不再着迷于捐赠，许多慈善机构也是惨淡经营，许多非营利性机构的工作人员也不再热情，连咨询都会让他们感到厌烦。已经有无次数，当我蜷缩在一旁聆听所谓"社会企业家"满是行话的高声演讲，或者是一场正式的慈善晚会进行到一半时，都会找个借口去卫生间，我身着长礼服，步履艰难，并恼怒地转动着眼珠。据说假装贫穷，可以使我们变得富有。但是有时候我真的只是希望把我的时间和金钱要回来。我希望所有人都能这样：我应该真正地热爱付出了金钱、时间和精力的一切，并且所有这一切都能够有所回报。但事实却是，有无数付出的事件让我做出选择，但同样多的付出又让我生气。

在《史蒂夫·乔布斯》（*Steve Jobs*）这本传记里，作者沃尔特·艾萨克森（Walter Isaacson）透露说乔布斯发现慈善事业很烦人。我一点也不感到惊讶。苹果大亨很快就放弃了他在20世纪80年代中期建起的基金会。为什么呢？书中写道："他发现对付那些他雇来经营这个企业，但不停地谈论'风险'慈善事业，以及如何'利用'给予的人，是令人恼火的事。"一个非营利活动的博主曾经评论说，这一社会部门的缺点"包括它的推动者用那些令人喘不过气来的华丽辞藻来描述它，并坚信有关它的一切都是创新的，甚至是革命性的。工商管理硕士时常会很舒适地使用'杠杆作用''结果性输出数据''投资的社会回报'这样的话语，然而许多律师——甚至那些对（社会部门）的发展感到兴奋的律师——个个咬牙切齿。"

　　下面只是一些关于给予行为导致我们不同程度恼怒、烦恼、愤怒、沮丧、失望和疲劳的情况。

　　1. **不会受到感激的给予**。这听起来是很基本的，但是很多那些我们给予的人——个人和组织都是如此——都会忽视了对你说谢谢。我们花一个小时对一个大学生进行职业生涯规划辅导，或者花一大笔钱支持同事的宠物事业，有很多时候我们从不会获得感谢或者一份简单的表达对我们所支持的事业的感谢信，更不用说写一个关于自从我们加入以来发生了什么的进度报告。

　　2. **照料**。在他们生病和变老的过程中照顾我们所爱的人是一项非常重要的任务。但当我们这样做仅仅是出于义务、胁迫或愧疚时，没有把它当作我们目的的一部分（见第二章），照料会使我们在心理和生理上感到精疲力竭。

　　3. **借钱给朋友和家人**。"既不做借方也不做贷方。"莎士比亚在《哈姆雷特》中写道。为什么呢？"因为常常借钱不但失去金钱，也会失去朋友。"当朋友或家人要求我们通过借钱来帮助他们时，我们常常感觉自己应该这样做。毕竟，他们如果不是在紧要关头就不会向我们求助。如果他们向我们求助，而不是向银行贷款，那是因为他们没有足够的银行信用额度和机会通过官方渠道来寻求贷款，这就存在很大的风险，贷款将永远无法偿还。更糟的是，当他们无法偿还的时候，他们或许会使我们感到自己有义务去单纯地考虑这个贷款是给他们的一份礼物。许多人已经吸取了教训，家庭、友谊和财务混合在一起，这几乎不可能给我们带来幸福。

4. **因羞愧而给予。**我们都感到过来自被说服去给予的恐惧。有时候发生在一次疯狂地奔向超市后，当我们想要的只是一品脱牛奶，收银员却会问我们是否想要在我们的账单中增加一美元来支持慈善事业。其他时候，激进的街头募捐者或者媒体称之为慈善行凶抢劫者，他们掠夺了我们走在大街上的愉悦感。在这些情况下，我们更有可能是避免在公开场合显得羞愧，而不是纯粹出于慷慨和对他们所代表的慈善事业的关注。为什么这种类型的给予不会给我们一个光彩的机会？它是一种不受关注的慈善。这种情况下，你没有时间去做一个明智的决定，或找到一个与你的热情相匹配的理由去捐助他人。在我看来，真正的问题并不是强迫、施压或恐吓人们去给予。

为自己的慈善机构"珍视每位母亲"（Every Mother Counts）筹集资金的克里斯蒂·特林顿·伯恩斯（Christy Turlington Burns）说："我最不想做的就是把我的朋友都带到现场，让他们负有义务。因为我知道人们在不断地被这个或那个原因所影响。"

比尔·盖茨曾经说过："慈善事业应该是自愿的。"他说："没有人打算从事慈善，只是因为他们受到了责备或者明白了比尔·盖茨所说的话的意图。"

5. **被动的给予。**被动的给予者存在于社会经济水平的各个层面，从作为飞机乘客在他飞回家前给慈善中心留下他剩下的外币，到宗教捐赠者给教会捐赠100万美元的无限制资金。一旦资金被捐出去，给予的行为就完成了。当捐赠者不花费精力去了解更多关于他的捐赠物受益人的信息，或者通过付出时间来提供志愿者服务，那么他就不太可能感受到由他的慷慨带来的快乐。

6. **给予那些我们几乎不认识的人。** 大卫·恩萧（David Earnshaw），一名苏格兰安德鲁大学的学生，在他的文章"为什么慈善变得越来越恼人？"（Why Is Charity Becoming More Annoying?）中完美地诠释了这一说法。"几乎每一天，都有一些我从小学毕业后就不怎么记得的同学，他们在自己头22年的生活中对周围世界冷漠无睹，却因为他们扮作帕德西熊（Pudsey Bear）在利兹的大街上走了8千米，筹集到了八十英镑就从而获得救赎。"不仅仅只有我们脸书（Facebook）上的联系人是有罪的。我也经常被一些以家庭、公司和个人命名的基金的侵略性行为所迷惑。我们都想留下遗产，当我们的亲人去世时，我们想要继承他们的遗产。但是你真的想要捐赠给约翰·史密斯基金会以此来增加约翰·史密斯的遗产吗？除非约翰是你最亲爱的朋友和大学室友，并且在他死于塔利班政权之前曾是同性恋权利最重要的倡导者，我不会责怪你把这看成是一个令人不愉快的活动。当然，例外的情况是，如果约翰·史密斯基金会实际上把工作做得很出色，并且你相信把钱捐给他们会比给同一领域的其他组织要好得多。

7. **被迫观看"贫困风貌"后写下一张支票。** 在非营利性的世界里这只是陈词滥调：非洲饥饿儿童的肋骨刺穿皮肤的画面；灰黄色皮肤的艾滋病患者在过分拥挤的医院病房里痛苦呻吟的情景。"贫困风貌"这个名称用于定义当今人道主义世界所感知到的人们心目中定型的画面。每当像飓风卡特里娜（Hurricane Katrina）和台风海燕（Typhoon Haiyan）这样的灾难发生时，满足灾民迫切需要的十分可行并且最简单的方法就是让人们捐款。但关于灾民陷入绝望的描述是如此随处可见，以至于我们很可能逐渐对灾难产生免疫，这种刻板的印象形成了一种"我们和他们"之间的感觉，切断我们与那些需要帮助的人的联系。同样地，刚开始听到环保人士描述经过浩劫后的情节可能非常害怕，但最终它们只能让人感到筋疲力尽。

我们完全孤立人们从事慈善事业，并非是因为它们不会让我们快乐。如果我们每次的付出只是想要得到一些回报，那么这将是一个可怕的机会主义世界。我也不是说我们不应该解决棘手问题（如气候变化、贫穷和无法治愈的疾病），我们当然应该这么做。有些出于义务、同情、责任和公共服务精神的事情我们要做，而且应该做。但话又说回来，一些给予的行为不仅可以改变别人的生活，也会给我们带来巨大的乐趣。行动主义者克里斯托弗·伯格朗（Christopher Bergland）说："有一个甜蜜的地方，让人感觉慷慨大方是根本的，并且给大家暖暖的感觉。"①

这引出了一个问题，我们怎样才能以一种可以获得幸福和成就感的方式来给予呢？

如何通过给予获得快乐和成就感

> 并不是我们给予多少东西，而是投入多少爱。
>
> ——特蕾莎修女（Mother Teresa）
>
> 我只是一个人，我不能做所有的事，但我能做一些事。我不会让我不会做的事情影响到我会做的事情。
>
> ——爱德华·埃弗雷特·希尔（Edward Everett Hale）

1. 发现你的热情。

我坚信你的热情应该是你付出的基础。更为常见的是，尽管我们参与

---

① 克里斯托弗·伯格朗. 运动员的方式：幸福的汗水和生物学 [M]. 纽约：圣马丁出版社，2007.

某事是因为有人要求我们这么做，而不管我们对这件事情本身有没有兴趣。或者我们年复一年地纳税，但从来没有真正考虑过是否我们付出的东西与我们紧密相关。

当我问戈尔迪·霍恩是否可以给那些想要有所作为的人一些建议时，她说："首先，找出你在乎什么，你在乎谁，什么对你重要，什么让你有热情，你想看到怎样的变化。"许多人都建立了自己的慈善机构，并立即尝试获得支持自己的力量，但她知道一切都太美好，自己心里关注的事并一定和别人想的一样。"当你真诚地从外界来看待这些东西时，你可能会发现你的慈善之心，你的时间和从事志愿活动的时间投入。找出它是什么——是和孩子有关？还是和医院有关？找出答案。"

在史蒂夫·乔布斯的基金会存续的很短的时间内，管理它的马克·弗米利恩（Mark Vermilion）说乔布斯想要支持关注营养和素食主义的项目，而弗米利恩据说是乔布斯离开苹果后聘请他去经营基金会的，希望他能促进社会企业家的发展。你能想象如果乔布斯受到他的鼓励去追寻他的博爱热情，那么结果将会有多不一样吗？

哈佛商学院的迈克尔·诺顿（Michael Norton）与企业合作，最大限度地增加他们员工的志愿者工作经历。他说："我们经常看到公司送他们的员工去帮助非营利性组织。例如，会计师事务所会把他们的会计师送去帮助建造房屋。事实证明，首先，会计师对建造房屋一窍不通。他们不喜欢建造房屋，而且对他们来说去当这个志愿者并不一定是一个最具回报的机会。然而，还有很多穷人真正需要专业人士来帮助他们处理税务问题——这正是会计师能帮忙的地方，也是他们真正喜欢的事情，因为这是他们专业领域里的事情。"

给予应该是个人的事情。你会关注某一件事情，而不会投过多的精力去关注另外的事情，这是正常的。这不应该是一个简单的选择题，而是选择一件适合你的事情。如果你不是全身心地投入其中，那么你很可能会感到无聊、心烦意乱并且对这件事产生冷漠的情绪。当遇到困难时你很可能会放弃——这样困难就会被避开。如果你不想全心全意地支持一家癌症慈善机构，你也不必为此感到难过。或许你可以为同一慈善机构，甚至是不同的慈善机构提供你的营销技能。

> 看着你的成长和对这个世界的探索，似乎比联合国想要雄心勃勃地改变地球命运的计划有趣1000倍。
>
> ——伊莎贝尔·阿连德写给她的女儿宝拉的话

我们需要反思我们的个人经历来决定我们想要关注什么问题，我们想要帮助谁，我们想要在哪些方面采取行动。这个过程是非常个人的，它经常会唤起困难的记忆或经历。对很多人来说，这是一种强烈的情感活动。

为了找到你的热情，请回答这些问题：

- 什么经历塑造了你的生活？
- 上学的时候，最喜欢学习什么？
- 你最大的成就或成功是什么？最大的失败呢？
- 如果你能改变曾经历过的一件事情，那会是什么？
- 在生活中你吸取到的最大的教训是什么？
- 谁是你的榜样？
- 在生活中你最珍惜什么？
- 你会如何描述你的价值观和道德观？
- 是什么让你彻夜难眠？
- 什么使你生气？
- 在电影中什么时候会让你感到窒息？
- 什么使你感动？

2. 形成你的愿景。

愿景是描述你想要的世界是什么样的。它既是理想主义的也是长期的，它能激发人的灵感和动力。当你向别人解释并与他人分享你想要去完成的事情时，你的愿景对你来说是至关重要的。用书面的形式把它记录下来是很有帮助的。它是你意图的书面体现，可以使你不断地检测自己是否保持正确的方向。最好的愿景清单是一个大胆的、思路清晰的描述事情应该如何发展的清单。他们通常具有以下特点：

- 抱负性——描述事情应该是怎样的，而不是它是什么样的。

- 专注性——确定为哪些事情、在哪里、为谁而付出努力。

- 简洁性——以一种清晰的、可以理解的方式来总结意图。

- 显著性——吸引潜在合作伙伴的关注，并激发他们采取行动。

我的愿景是全世界的人把给予当作通往幸福和富有成就感的生活的通道。你的愿景是什么？它仍将是一项长期的工作任务，并督促你制订给予计划并去实施。所以不要着急，记住，一个愿景清单从根本上来说没有对与错。它代表了你的选择。

3. 找到你的定位。

为了将所有非营利组织进行大致地分类，国家慈善统计中心（National Center for Charitable Statistics）建立了全国实体分类系统（National Taxonomy of Exempt Entities）。在十大类别下将非营利组织划分为26个主要部门，代表的行业如艺术、文化、人文、教育、环境、动物和健康等。在这些主要的部门中，进一步分解为分支机构和更小的分支机构。选取这些类别中的任何一个，如教育，你就会发现它的子范畴内容包含有中小学、幼儿园、图书馆、校友协会、父母和教师团体、阅读补习等。如果我们已经确定把教育作为我们慈善事业的核心，那么就要搞清楚如何给予和在哪方面给予，我们还有很长的路要走。所以我们该怎么做？

你必须从头做起。明确你的动机，明确你能贡献什么，可以确定你给予的范围。一旦你开始行动起来，你就有了一个更好地锻炼自己的行动的机会，最终可以做你真正想做的事。在这个过程中会有一些改善。

为了找到你的定位，请回答这些问题：

● 你将会致力于哪一主题？原因何在？

☐ 卫生、环境、社会公平、教育、艺术和文化、抢险救灾、社会福利。

● 在哪里？你关注的地理位置在哪里？

☐ 何种水平？全球的、区域的、国家的还是社区的。

● 谁是受益人？

☐ 年龄段——如：儿童、青年人、成年人、老年人。

☐ 性别。

☐ 人口——移民、农村人口、少数民族或宗教团体。

☐ 社会经济群体。

你关注的范围越小，对你来说就越容易。把你将要关注的事情，你将从哪里开始行动和你将会帮助谁这些问题具体化。这样做有两大好处。第一，它可以让你把力量集中在可以实现的事情上，以增加你成功的机会。第二，它可以让你更容易地确定你需要做什么才可以达到目标，以及如何衡量进展情况。

你的愿望可能是基于某一特有的经验，或对一个国家或社区的亲和力，或者可能出于你在社会背景下发挥你的专业知识的愿望。

父亲死于肺癌之后，克里斯蒂·特林顿·伯恩斯说："我知道我可以通过我的禁烟工作来最有效地发挥我的作用。我也会继续帮助各个其他非营利性的、地区的基层组织，包括儿童、教育、环境和动物权利等，但鉴于时间限制和渴望产生最大的影响力，反对吸烟仍是我工作的重点。"[①]产后出血的经历激发她关注妇女健康运动，此后她的焦点已更多地转移到了母亲的健康问题。我们的注意力会随着时间的变化而变化，但当我们只把精力放在一件事情上或一些核心问题上，而不是分散自己的精力的时候，我们就会变得更有效率。

4. 付出你的时间。

给予绝不是仅限于金钱。时间这一礼物有时候对接受者来说更加的宝贵，也更容易让给予者感到满意。戈尔迪补充道："总有一些事情是你能够做的。你不需要用很多的钱去回报，或者落下只会用钱回报的骂名。"

我们不会拥有相同数量的金钱，但我们手中都有时间，而且可以利用一些时间来帮助别人，不管我们是投入一生来服务，还是每天只花几个小时，甚至是一年只花几天。

在10岁之前，乔舒亚·威廉姆斯就已经知道了给予时间的重要性。"我们鼓励人们不仅要捐赠而且要现身和帮忙。我们想要拥有你的捐赠，也希望拥有你的时间。如果你与我们任何一个志愿者谈话，你就会发现他们既奉献出了他们的时间，也奉献出了他们的金钱，因为他们想要看到这样做产生的影响，并且这样做会使他们更加快乐。"

5. 将你的时间分块。

在心理学家索尼娅·柳博米尔斯基（Sonja Lyubomirsky）负责的一项研究中，人们每周完成5个随机的善举，坚持6周的时间。他们被随机分

---

① 迈克尔·席贝.克里斯蒂·特林顿：美与平衡［N/OL］.今日心理学，2001-07-01.

为两组：一半的人将他们每周的时间分为单独的一天去完成自己的任务，而另外一半的人则将他们每周的任务分散到5天去完成。在第6周结束的时候，尽管进行了相同数量的帮助行为，但只有一组明显感到更快乐。那些"时间分块的小组成员"收获了快乐，而"分散小组成员"没有。当人们在一天内完成了5个给予的行为，他的幸福感就会增加，而不是每天完成一个。所以，尽管进行随机的善举可以让我们感到快乐，但如果我们规划自己的给予活动，我们会感到更加快乐。

6. **要有更多的关注和意图。**

奥基·尼托说："我早就意识到，我无法找出每个具体的原因。我需要高度专注于一个主要的目标。对我们来说，这一目标是为了投资世界上最好的治疗肌萎缩性侧索硬化症（ALS）的研究。我们无法帮助每个家庭，给他们提供资金援助或资源，但是，我们可以让他们与那些可以帮助他们并且能够给他们带来希望的人取得联系。"当我们选择在何地如何给予的时候，这个选择是困难的，因为我们要在好中选好。

根据诺顿所说："把你捐赠的钱用于具体的事业，由此带来的快乐，要超过把钱捐赠给你不确定的事情。在你给予的时候，你真的希望你能够对某个人产生具体的影响。例如，为某人购买一个疟疾防护网，即使是一个并不会感谢我们的无名之辈，由此带来的快乐要超过把钱捐给不知道会把它用在哪里的机构。"

一旦我们已经决定去给予，我们要选择在哪里去给予，并且要在各种正确的选择当中做出抉择。有成千上万有价值的慈善事业，当我们花费时间去选择我们应该在哪些方面给予，给予多少以及如何给予的时候，我们应该要有良好的感觉。许多慷慨的人更喜欢以不同的方式给予，因为他们知道一些捐赠的意义要超过其他的捐赠。它有利于更有目的地做事。

7. 让你的兴趣、动机和技能与给予行为相一致。

当你在考虑什么类型的给予适合你时，你的动机（安全、公众认可等）和你的技能（沟通能力、定量分析等）就显得非常重要。例如，琳恩·尼托（Lynne Nieto）会计学专业毕业，与她的丈夫共同创办了"奥基的追求"。她关注账本底线的能力，对"奥基的追求"的成功起到了关键的作用，这与她的会计背景不无关系。

忠于自己，解决对你来说重要的问题，无论它们有多么的艰难。汽车保险业巨头皮特·刘易斯（Peter B. Lewis）说："如果有一个领域对大多数慈善家来说是禁忌，而且体现了灾难性的公共政策，那就是我们国家过时的、低效的与大麻有关的法律。大多数美国人已经准备好改变关于大麻的法律，但我们仍继续逮捕参加这种完全司空见惯的活动的年轻人。我资助了很多与制定该法律有关的活动，以便让病人能够获得大麻来减轻疼痛和恶心症状，我自己毫不掩饰地成为这些病人中的一员，用大麻来减轻我小腿截肢后的疼痛。"

8. 找到整合你的利益与他人所需的方法。

亚当·格兰特说："没有自我保护本能的无私给予，容易变得不堪重负。""利他性"（otherish）是很重要的，亚当将其定义为更愿意付出而不是获得，但同时仍然保持自己的利益，并以此来选择什么时候，在哪里，怎么样，给谁给予。"找到整合自我利益与他人利益的方法，而不是看着两种利益相互竞争。关心别人时也关心自己，给予者就大大减少了自己受伤的机会。"当我们遇到穷人、病人、不幸的人的时候，这一点就尤为正确。这样的互动会使人情感上痛苦，身体上负担过重。

克里斯蒂·特林顿·伯恩斯说："跟我一起工作的大多数人不是拥有财富和名望的人，他们来自各行各业。他们意识到面前存在着某种问题，看到没有人来处理它，或者没有足够的人手来处理，所以，他们通过看到差距、看到他们自己的观点能够引起重视并产生影响，于是他们参与进来，通过自己独特的方式获得支持，将其做大做强，从而为自己创造了机会。对我来说，这就是答案；不需要把问题考虑得太大。首先从你自己开始，教育自己，找到最能使你产生共鸣的东西。例如，阅读报纸时什么内容会让你想哭？什么样的不公平让你无法忍受？"

9. 找到你的归属。

在选择支持哪个机构时，请注意了解它的文化。许多人会忽略这样一个事实，给予的满意度与你所支持的机构的文化有很大的关系——而并不是所关注的领域。如果认为热爱动物就应该做动物慈善机构的志愿者，那未免显得太简单了。有那么多动物慈善机构，他们有那么多的经营策略，有那么多个性不同的负责人。你会发现你只能融入一部分人，而不能融入另一部分人。想一下你将会和谁一起工作。大多数问题是如此复杂和棘手，为了有成效，需要很多不同的人一起努力。

高影响力慈善中心（Center for High Impact Philanthropy）的凯塔·吉罗斯（Kat Rosqueta）说："当我想起那些成功地产生了影响、深感满意的人时，觉得他们不是孤独的流浪者。他们认为自己是群体的一部分——无论关注他们所在意的社会问题的人是他们的同伴，他们交往圈的人，还是其他人。对群体的归属感让人更忠诚。"

10. 要求透明。

给予并不是没有风险的。给予有失败的可能。即使是由认真的人负责的最好的项目，也有失败的可能，甚至无意中会使事情变得更加的糟糕。为了降低风险，对潜在的接受者和合作伙伴进行认真的调查是很重要的。对于我们很多人来说，就是要求透明。

11. 做一些能真正影响你自己的事情。

我们常说最大的奖励是一个人对一件事情的影响力。这就是为什么最好在你活着的时候去给予，而不是等你离开这个世界之后让别人代表你去做。

影响力的大小取决于你的意愿以及你的能力。例如：

● 为医院购买病床，以便它可以服务更多的患者，这一行为对服务对象有直接的影响。

● 支持大学创建一个护理项目，增加医务人员的数量，这样做会有长时间的影响力。一旦实现，它将会使成千上万的人受益。

● 在一个国家提倡更好的卫生保健政策，要实现它即使花费不了数十年，也得花费几年的时间，但它最终可以改善数以百万计人的生活质量。

"许多人提出了解决社会问题的新方案，或者他们花了很多时间来做志愿者，或者慷慨地捐钱并常说他们是自己给予行为的最大受益者。得到最大满足感的人是那些相信自己能改变现状的人，"罗斯凯塔（Rosqueta）说，"如果你被某种现状所困，觉得有些事情听上去好听，但你又觉得没有足够的理由为其投资来有所作为，这会使你感到沮丧、愤怒和失望。你可以选择走开。"每个人都在寻找一种信心，那就是他们的所作所为正在改变世界。我们都希望我们所做的一切会产生有意义的结果。

12. **要积极主动。**

如果你发现自己在某个慈善机构给你打过电话之后才考虑给他们捐赠什么礼物，那你就已经失去了主动。如果你腾出时间，你就能够把事情做到最好，考虑到你所有的选择，然后找到最符合自己价值观的慈善机构。如果你等着慈善机构来找你，你所选择的也许是那些最具有进取心的机构，而不是那些最优秀的慈善机构。

13. **接受感恩。**

有一个关于哪种给予更道德的争论：匿名捐赠还是让受赠者知道你的

身份的捐赠。诺顿说认为更快乐的给予者是那些公开自己身份的人。

> 约翰·斯坦贝克（John Steinbeck）歌颂他最近死去的朋友埃德·里克兹（Ed Ricketts）时说："我已经尝试去观察埃德·里克兹身上伟大的天赋。这些天赋让他受到人们的热爱和需要，在他死后至今还被大家思念。当然，他是一个有趣味和魅力的人，但他还有其他远胜于此的品质，我认为那或许是他接受的能力。他来者不拒，优雅而满怀感激地接受，让礼物看起来十分美好。因为这个原因，每个人都感觉给埃德东西是一件美好的事情——一份礼物、一个想法、任何的东西。"①

14. 认识到艰难。

当设备非常齐全的奥普拉·温弗瑞女子领导学院（Oprah Winfrey Leadership Academy for Girls）建立在南非一个贫穷地区的时候，学校（宿舍的床单都是高密度针织品）被认为太过舒适和奢侈，人们质疑，如果温弗瑞不把4000万美元用在突出学校周围奢侈的环境上，将会让更多的学生受益。但温弗瑞有自己的意图，她想让女孩子们体验一回她们未曾有过的生活。

另一个因捐赠而受到指责的例子是亚特兰大的萨尔文家庭，他们把自己的房子出售之后资助了非洲的一个慈善机构。一种常见的批评是，他们的钱应该给予那些需要帮助的美国人，比如亚特兰大无家可归的人。但是萨尔文一家毫无悔意。他们一致决定把他们的钱给予非洲最偏远地区的

---

① 约翰·斯坦贝克.科特斯海航行日志 [M].纽约：企鹅出版社，1951.

人，并且为自己的选择感到高兴。与饥饿项目首席运营官约翰·康拉一同在加纳旅行的时候，他们亲眼看见了那些去当地挖井的西方人（这样做是鼓励对外来者的依赖）和那些长期支持自力更生行为的人之间的区别。他们整年的研究暴露了外国援助的许多缺陷，但是他们还是乐观地认为他们选择的项目将会很好地持续下去。

在你做了某件本来就不是非做不可的事情时，很有可能会受到指责，特别是选择去支持一些人们认为并不紧迫的事情，比如艺术、文化和野生动物保护等，请你不要为自己的善举感到后悔。

结论

"给予会让你更快乐吗？你必须自己回答这个问题。当我和比尔·盖茨夫妇（Bill and Melinda Gates）一起在非洲的时候，跟因为接受他们的帮助而生活改善的村民交谈时，夫妇俩看上去很快乐；当我看到年轻的布瑞安·施万特斯（Brianne Schwantes）孱弱的身体冒着骨折的风险帮助陷入密西西比河洪水中的人时，她看上去很快乐；当我遇到奥西奥拉·麦卡蒂（Oseola McCarty）在捐出她一生的积蓄，让年轻人可以得到她从未受过的教育时，她看上去很快乐；当卡洛斯·利姆（Carlos Slim）看着他资助的上万年轻人上了大学时，他看上去很快乐；当芭芭·史翠珊（Barbra Streisand）和鲁伯特·默多克（Rupert Murdoch）这两位几乎所有政见都有分歧的高度受关注的公众人物站在一起，为我的应对气候变化基金会捐出第一笔资金时，他们看上去很快乐；当克里斯（Chris）和巴兹尔·斯塔莫斯（Basil Stamos），克里斯·霍恩（Chris Hohn）和杰米·库珀-霍恩（Jamie Cooper-Hohn），弗兰克·古斯塔（Frank Giustra）和弗莱德·艾昌纳（Fred Eychaner），以及其他所有资助我的艾滋病防治工作的人，看着因为他们的帮助而依然活着的孩子们的目光时，他们看上去很快乐……到底谁更快乐？给予者还是接受者？我想你知道答案。无论是在大街上还是大洋的彼岸，整个世界需要你。给予吧。"①

——比尔·克林顿（BILL CLINTON）

关键是要找到适合你的方法。当你这样做的时候，你付出的越多，你就越不想回头——不是为了金钱，而是因为其他形式的价值。联系，目的，意义，幸福。所有这些我们寻找、但难以找到的东西。即使在最具挑战的环境中，你也要充满乐观、希望和活力。挑战不会让你失望，不管有多艰难，它都会让你信心倍增。就如奥基·尼托所说："给予会改变给予者，因为给予者比接受者得到的更多。如果你在正确的地方做出了正确的给予，你得到的远比你给予的多。"

如果给予者从给予行为中得到了更强烈的幸福感，那么我希望这种积极的情绪会导致更频繁、更有价值的给予。我的愿望是看到这样一个世界，在那里要想有所作为时，不会有强迫、压力和恐惧；在那里，凭我们的直观就可以理解，给予是美好的事情。这是一个不是等到遇到伤害时才给予，而是因为感觉美好才去给予的世界。

---

① 比尔·克林顿. 给予：我们每个人如何改变世界［M］. 纽约：诺普夫出版社，2007.

致 谢

> 心怀感恩，但不是那种像包装一份礼物而不把它送出去的感觉。
>
> ——威廉·亚瑟·沃德
> （William Arthur Ward）

这本书得以成形，归因于难以置信的新老朋友圈给予的关爱、支持、时间、创造力、情感、指导、灵感及慷慨。两年前，我就信奉一句格言"飞跃起来，就会出现一张网"，所以在我需要的时候，朋友、有创意的同事，以及无名的帮助者形成的网，奇迹般地出现在了我的面前。在我一筹莫展，除了写大学论文之外，没有写更长文章的经验时，特别是对出版行业一窍不通的时候，他们成了我的安全之网。在此我难以表达对每一个信任我的人的感激之情。

没有我最亲爱的朋友史提芬·罗尔斯，就不可能写出这本书。几个月以来我一直在谈要写一本书的计划，史提芬认为时机已经成熟，建议我把自己在公寓关上整整一天（断掉WiFi），目的是不要让我再纸上谈兵，而是开始付诸实际行动。此后，本书写作的每一个阶段都离不开史提芬——他花了好多天仔细研读我的提纲、草稿和成堆的研究数据，听我把想法大声说出来，为这个项目贡献出了他的创造力和才华，甚至为本书想出了绝妙的书名。我只能希望，当他在出版著作时，我也能够提供几乎同样的帮助。

我的朋友，我的家人，与我一起分享了这个项目带来的激动。在面临挑战时，是他们给了我鼓舞。没有他们的支持，我一定会放弃的。感谢埃迪·萨利亚特马蒂亚教给了我给予的意义，他是我见过的最善良的人。感谢迪帕克·乔布拉，感谢他帮我在这一旅途创造了完美的环境，感谢他对我有求必应。感谢西蒙·欧，他让我坚持写这本书的承诺。在"闪光的时刻"出现时，有幸有西蒙在我的身边，西蒙让我和他握手承诺去写这本书。感谢纳迪亚·帕瓦兹·曼佐尔在集体讨论会和实地旅行中激发了我的创造力。

在此，我感谢每一位与我分享他们给予经历的令人称奇、鼓舞人心的朋友。首先是戴维·福斯特，即便在洛杉矶的急诊室里度过了一个上午之后，他依然坚守与我会谈的承诺。感谢戈尔迪·霍恩，她不仅热情地参加了这个项目，而且给了我承担她的基金会顾问的绝好机会。还有伊莎贝尔·阿连德、迈克尔·波顿、奥基·尼托、雷·钱伯斯、杰曼·翰苏、菲利普·库斯托、肯尼思·科尔、丽莉·科尔、莫·易卜拉欣、克劳斯·施瓦布和希尔德·施瓦布、佩特拉·内姆科娃、乔舒亚·威廉姆斯、曼尼·帕奎奥、克里斯蒂·特林顿·伯恩斯、穆罕默德·尤努斯、特德·特纳、杨澜、娜塔莉亚·沃佳诺娃、里克·奥巴瑞、吉尔·鲁宾逊、温迪·科普、莉斯·爱德曼、凯特·罗伯茨和已故的理查德·洛克菲勒。让我感到惊奇的是，他们都愿意我把他们写入本书，他们所有的人所讲的话都是发自内心的。这里要特别感谢汤姆·弗瑞斯顿，他不仅让我分享了他的故事，也帮助我找到了面向更多的人分享每一个人的故事的途径，这一点我在以前根本是预料不到的。在见到汤姆之前，我只是想写一本小书，只希望一些朋友来读一读而已。正是汤姆，让我把眼光放高一点，把注意力投向纽约。

我也感谢所有的杰出的科学家和研究人员的贡献，是他们的成果，为本书增彩不少。特别是艾希礼·维兰斯、劳拉·阿克宁、伊丽莎白·邓恩、凯特·罗斯基塔和迈克尔·诺顿。

　　我非常感激亚当·格兰特这位好心的给予者。他不仅给这个项目投入了精力和时间，而且在我们几乎素昧平生的时候，就慷慨地为我介绍了一些该领域的优秀机构。正是通过亚当，我见到了最为优秀的梅格·汤姆森（Meg Thompson），而且还获得了称他为我的代理人的特权，这真是令人难以置信的。

　　我真诚地感谢塔契尔/企鹅兰登书屋优秀的团队：我的编辑莎拉·卡德，她不仅给了我机会和鼓励，而且还提供了建设性的评价；感谢布里安娜·山下、布鲁克·博恩曼和乔安娜·吴，他们都让我觉得他们真的很喜爱和相信这本书的内容。同时感谢其他我从未谋面，但为本书的出版倾注了心血的人。

　　感谢每一位为我敞开心扉，帮我构建思想框架，向我提供大量的想法来撰写《愿你给予半生，归来仍是自己》的人。他们有玛丽·贝思·奥康纳、爱德华·瓦南迪、卡尔·列德曼、罗伯特·范·兹维腾、简·威尔士、维达·乔金森、巴巴拉·卡顿、金佰利·麦克纳特、夏米尔·夏希、麦其尔·维霍文、科林·瓦拉迪、凯伦·谢、劳拉·布里奇曼、马丁·哈鲁萨、安东尼·潘力南、肖恩·辛顿、德鲁·范·维克、范普·里恩、马克·约翰逊、马赫布卜·马哈茂德、贾斯廷·比维斯、热尼亚·米尼瓦、凯茜·加尔文、佐然·斯维特利西奇、杰森·弗拉伊德、勃兰特·戈尔斯坦、坦尼亚·法瑞尔，以及埃琳娜·斯托克斯。同时，我也感谢帕克·塔希尔对我工作的信心。

　　我也深深地感谢文坛一流的女性群体，在我的这本书还在计划阶段，她们就非常相信我的观点。她们的专业意见让我能够有信心去做一名著书者。我在此要感谢詹妮弗·鲁道夫·沃尔什、克劳蒂亚·巴拉德、安博·库雷希和谢丽尔·罗布森。同时感谢乔尼·罗杰斯、安娜·马丁、皮亚·麦坎-乌马利和吴姚颐，感谢她们帮助我解决这个不小的项目上的技术问题。我要特别感谢我的朋友彼得·甘拉吉，感谢他阅读所有的手稿和提出了有价值的反馈意见。

我也感谢多年以来一直鼓励我的朋友。他们有艾格尼丝·奥斯瓦、于尔格·考夫曼、克里斯蒂娜·阿拉内塔·坦、弗朗西斯·利姆、提恩·布里奥尼斯、马尔文德·辛格、彼得·考科、周贵三、罗素·卡帕拉斯、梅丽莎·艾瑟伦、埃琳娜·拉切卡、克里斯蒂娜·阿方索、弗莱德·撒比奥、雅耶斯·帕雷科、托马斯·哈鲁萨、摩根·史密斯、瑞吉娜·桑蒂、卡拉·辛格勒、吉米·吉姆巴格，以及费尔南多·佐贝尔。还有亲爱的可可：著作者的生活是孤独寂寞的，在我写作的这个窝里，这只小狗一直陪伴着我，而与人类的接触只会带来干扰。

感谢我的父母把我养大成人，帮助我走上了写作的道路。在我写作业的时候，妈妈总是帮我（从而让老师相信我写得"非常好"，而我并没有做得那么好）。在我还是一个小女孩的时候，爸爸就送给我斯特伦克和怀特合著的《写作风格要素》（*The Elements of Style*），以及许多其他有用的写作手册。

在结束这份致谢的时候，愿每一位为《愿你给予半生，归来仍是自己》付出的人，包括亲爱的读者在内，能从你们的给予行为当中有更多的收获，我对你们每一个人都永远心存感激，从内心向你们表示感谢。